高等学校"十三五"规划教材

物理化学实验

顾文秀　高海燕　主　编
鲍明伟　董玉明　副主编

化学工业出版社
·北京·

《物理化学实验》包含三章内容，第一章介绍了物理化学实验要求及数据处理、测量结果的表达、实验室安全常识、作图软件 Origin 和 Excel 的应用等；第二章为具体实验内容，涉及热化学、溶液热力学、化学平衡、相平衡、电化学、表面与胶体、化学动力学等专题，共 25 个经典实验，50 个设计性实验，每个专题后的设计性实验与专业特色相结合，理论联系实际，传达一种方法解决多种问题、同一问题不同解决方法的理念，以培养学生的创新思维；第三章介绍了 11 种常用的物理化学实验仪器。

《物理化学实验》可作为化学类、化工类、材料类、生物类、食品类、环境类、轻工类、农林类各专业本科生的教材，也可供化学工作者参考。

图书在版编目（CIP）数据

物理化学实验/顾文秀，高海燕主编． —北京：化学工业出版社，2019.8（2022.8重印）
高等学校"十三五"规划教材
ISBN 978-7-122-34626-1

Ⅰ.①物… Ⅱ.①顾…②高… Ⅲ.①物理化学-化学实验-高等学校-教材 Ⅳ.①O64-33

中国版本图书馆 CIP 数据核字（2019）第 105471 号

责任编辑：宋林青　秦丹红　　　　　　　文字编辑：刘志茹
责任校对：边　涛　　　　　　　　　　　装帧设计：刘丽华

出版发行：化学工业出版社（北京市东城区青年湖南街 13 号　邮政编码 100011）
印　　装：北京科印技术咨询服务有限公司数码印刷分部
787mm×1092mm　1/16　印张 11¼　字数 272 千字　2022 年 8 月北京第 1 版第 2 次印刷

购书咨询：010-64518888　　　　　　　　售后服务：010-64518899
网　　址：http://www.cip.com.cn
凡购买本书，如有缺损质量问题，本社销售中心负责调换。

定　　价：28.00元　　　　　　　　　　　　　　　　　　　　版权所有　违者必究

序

2019年是我国新世纪化学实验课程教学改革启动30周年。在过去的30年间，我国高校的化学实验教学中心建设，实验教学体系、教学条件以及教学理念、教学内容、教材、教学资源和考核方式等方面都发生了广泛而意义深远的变革，形成了一系列标志性改革和建设成果，在我国高校实验教学改革和建设中发挥了引领和示范作用，值得欣喜和骄傲。在总结以往经验、开启改革新征程之际，江南大学化学与材料工程学院物理化学教研室编写的《物理化学实验》即将在化学工业出版社付梓出版。该教材展现的新理念新思路新做法有使人耳目一新之感。

化学实验教学在化学人才培养中发挥着基础性、关键性作用。但是在新世纪化学实验课程教学改革之前，我国的化学实验教学依附于理论课，主要发挥验证知识、加深理解和演习操作的作用，整体而言属于操作技能培训范畴，育人功能发挥并不到位。改革之后，随着综合化学实验特别是设计实验、创新实验的引入，实验教学开始从单纯的知识和技能导向型转变为能力和素质导向型，即要求化学实验教学在传授实验基础知识和基本原理，训练基本技能的同时，使学生掌握研究和解决化学问题的思路和方法，培养学生规范严谨的实验习惯、实事求是的科学态度、分工协作的团队精神、坚韧不拔的意志品质和勇于探索的创新精神，体现了实验教学目标的高阶性和综合性。在以往出版的实验教材中，虽然也有少数教材开始在基础实验中引入综合性、设计性实验，但往往引入的实验数量偏少、内容缺乏系统设计。而此次由江南大学编写的《物理化学实验》教材则较好地解决了这一问题。该教材首先以经典实验提供学习素材，使学生掌握实验的基本原理和基本操作，而后将近年来实验教学改革的最新成果以设计实验的方式引入教材，给学生提供设计方案、分析评价等提升综合素质和高阶能力的机会。这一设计为更新物理化学实验教学内容、提升实验育人功能提供了新思路。与此同时，该教材还建立了用多种方法测量同一物理化学参数或者将同一方法用于不同参数测量的设计，这对培养学生不相信孤证的科学素养和勇于将已有原理和方法拓展到全新领域的科学思维和探索精神具有重要意义。

可以说该教材的编写和出版是新一轮物理化学实验教学改革的有益尝试和重要成果，对我国未来的物理化学实验教学改革和建设具有重要的启发、示范和引领意义。希望广大读者在使用该教材的过程中，能够深入理解相关设计的意义，充分发挥其优势，达成全面提升学生的综合能力、科学思维能力和科研素养的目的，为培养一大批拔尖创新人才奠定坚实基础。

翟树永

2019年7月6日于山东大学

前言

创新是一个民族的灵魂，是一个国家的核心竞争力，培养具有创新精神、创新思维和创新实践能力的高竞争力创新人才，是新时期、新形势下高等教育改革的焦点主题。因此基础课教学如何主动探索改革、适应时代要求，满足新世纪高素质、创新型人才培养的需要，是我们必须研究和探索的课题。物理化学是应用化学、化学工程与工艺、高分子材料与工程、食品科学与工程、食品质量与安全、动物科学、生物工程、生物技术、制药工程、环境工程和轻化工程专业的必修基础课程或专业基础课程，是众多高校化工、轻工特色专业的重要基础支撑学科。物理化学实验作为实践教学环节，在创新人才培养中起着重要作用。

为适应创新型人才培养的要求，本书在保证大多数高等院校通用的25个基础物理化学经典验证性实验的基础上，重点补充了具有各专业特色的设计性实验（50个）。其中基础物理化学经典验证性实验配有精美的仿真实验，该套仿真实验曾获全国多媒体课件大赛一等奖，本书使用者可在江南大学化学与材料工程学院的网页上点击链接"江苏省高等学校化学化工实验教学示范中心"，然后点击"虚拟仿真实验平台"，进入"物化实验仿真"学习使用。本书的一个特色是设计性实验数量大、涉及面广，例如，一种方法解决多种问题，同一问题的不同解决方法，验证性实验的深度拓展，专业的衔接等，非常有利于学生实践创新能力和思维创新能力的培养。并且，本书所编写的设计性实验基本不需要现有实验室额外添置设备和仪器，均可在传统物理化学实验室设备的基础上、现有的学时内完成，这是大多数高校均能实现的，可实施性强，具有普适性。

本书是在江南大学化学与材料工程学院物理化学教研室全体教师共同努力下编写完成的。顾文秀、高海燕、鲍明伟等负责内容和结构的编排以及部分具体内容的编写；顾文秀、高海燕、鲍明伟、董玉明、张永民、张革新、齐丽云、裴晓梅、刘冰、樊晔等老师负责设计性实验的编写，赵泳、鲍明伟、周小兰等老师负责部分基础性实验的编写。此外，本书从前期的准备、编写到最终的出版，均得到了学院和学校的大力支持与帮助，编写过程中也参考了国内外多本优秀的物理化学实验教材及其他有关资料，在此一并表示衷心的感谢。

由于编者水平有限，书中难免有不妥与疏漏之处，恳请广大读者批评指正，以便不断完善。

编者
2019年4月
于无锡江南大学

目录

第一章 物理化学实验基础知识

第一节 物理化学实验要求及数据处理 ·········· 001
一、物理化学实验的要求 ·········· 001
二、物理化学实验中的误差及偏差 ·········· 002
三、物理化学实验数据的有效数字与运算法则 ·········· 004

第二节 物理化学实验测量结果的表达 ·········· 005
一、图解法 ·········· 005
二、列表法 ·········· 009
三、方程式法 ·········· 009

第三节 物理化学实验室安全常识 ·········· 010
一、安全用电常识 ·········· 010
二、化学药品使用常识 ·········· 010
三、意外事故处理方法 ·········· 012

第四节 Origin 和 Excel 在物理化学实验中的应用举例 ·········· 013
一、Origin 在"二元液系气液平衡相图的绘制"中的应用 ·········· 013
二、Excel 在"液体饱和蒸气压的测定"实验数据处理中的应用 ·········· 014

第二章 物理化学实验

热化学 ·········· 018
基础实验 ·········· 018
实验1 燃烧焓的测定 ·········· 018
实验2 化学反应热的测定——恒压量热法 ·········· 023
实验3 恒温水浴的温度控制和性能测试 ·········· 024

设计性实验 ·········· 027
实验4 煤的热值及硫含量的测定 ·········· 027
实验5 苯共振能的测定 ·········· 028
实验6 固体酒精的制备及燃烧热的测定 ·········· 029
实验7 食品热值的测定 ·········· 029

溶液热力学 ·········· 030
基础实验 ·········· 030
实验8 凝固点降低法测定摩尔质量 ·········· 030

设计性实验 034
    实验 9　非电解质稀溶液中溶剂活度系数的测定——凝固点降低法 034
    实验 10　摩尔质量的测定——沸点升高法 034
    实验 11　萘在硫酸铵水溶液中活度系数的测定——分光光度法 035
    实验 12　醋酸在水中解离常数的测定——凝固点降低法 035
    实验 13　苯甲酸在苯中缔合度的测定——凝固点降低法 036
    实验 14　氯化钠注射液渗透压的测定——凝固点降低法 036

化学平衡 037
基础实验 037
    实验 15　液相反应平衡常数的测定——分光光度法 037
    实验 16　化学反应平衡常数的测定——电动势法 039

设计性实验 040
    实验 17　醋酸在水中解离常数的测定——pH 法 040
    实验 18　甲基红电离常数的测定——分光光度法 041
    实验 19　氨基甲酸铵分解反应平衡常数的测定——分解压法 043

相平衡 044
基础实验 044
    实验 20　二元液系气液平衡相图的绘制——折射率法 044
    实验 21　二组分金属相图的绘制——热分析法 047
    实验 22　液体饱和蒸气压的测定 049

设计性实验 051
    实验 23　乙醇-苯气液平衡相图的绘制 051
    实验 24　甲醇和碳酸二甲酯的分离 052
    实验 25　环己烷废液的回收 052
    实验 26　溶剂对可嗅辨香原料最小浓度的影响 053
    实验 27　二组分金属相图的应用 054
    实验 28　溶液活度系数的测定——气液相图法 054

电化学 055
基础实验 055
    实验 29　电池电动势的测定 055
    实验 30　电解质溶液电导的测定 056
    实验 31　阳极极化曲线的测定 058
    实验 32　化学反应热力学函数的测定——电动势法 061

设计性实验 064
    实验 33　电势-pH 曲线的测定及应用 064
    实验 34　阳极极化曲线的影响因素考察 066
    实验 35　电导滴定法测定啤酒中 Cl^- 的含量 067
    实验 36　氢超电势的测定及影响因素考察 067

  实验 37 难溶盐溶度积的测定——电导法 ········· 068
  实验 38 难溶盐溶度积的测定——电动势法 ········· 069
  实验 39 弱电解质电离常数的测定——电导法 ········· 070
  实验 40 弱电解质电离常数的测定——电动势法 ········· 070
  实验 41 电解质稀溶液中离子平均活度系数的测定——电动势法 ········· 071
  实验 42 电解质稀溶液中离子平均活度系数的测定——电导法 ········· 072

表面与胶体 ········· 074
基础实验 ········· 074
  实验 43 液体黏度的测定——奥氏黏度法 ········· 074
  实验 44 黏度法测定高聚物的平均摩尔质量——乌氏黏度法 ········· 076
  实验 45 液体表面张力的测定——拉环法 ········· 079
  实验 46 液体表面张力的测定——滴重法 ········· 081
  实验 47 胶体的制备及电泳速率的测定 ········· 082
  实验 48 沉降分析——离心力场法 ········· 087
  实验 49 沉降分析——重力场法 ········· 091
设计性实验 ········· 094
  实验 50 黏度法测定蛋白质的 K 和 α 值 ········· 094
  实验 51 表面吸附量的测定——最大泡压法 ········· 094
  实验 52 固体比表面积的测定——酸碱滴定法 ········· 096
  实验 53 固体比表面积的测定——分光光度法 ········· 097
  实验 54 同系物水溶液的表面吸附量及分子截面积的测定 ········· 098
  实验 55 临界胶束浓度的测定——电导法 ········· 098
  实验 56 临界胶束浓度的测定——分光光度法 ········· 099
  实验 57 临界胶束浓度的测定——表面张力法 ········· 099
  实验 58 临界胶束浓度的测定——折射率法 ········· 099
  实验 59 胶束形成热力学函数的测定 ········· 100
  实验 60 洗涤剂最佳用量的测定 ········· 100

化学动力学 ········· 101
基础实验 ········· 101
  实验 61 蔗糖水解反应速率常数的测定（准一级反应）——旋光度法 ········· 101
  实验 62 乙酸乙酯皂化反应速率常数的测定（二级反应）——电导法 ········· 103
  实验 63 丙酮碘化反应速率常数的测定（复杂反应）——分光光度法 ········· 106
设计性实验 ········· 110
  实验 64 H_2O_2 分解反应动力学考察（一级反应）——量气法 ········· 110
  实验 65 甲酸氧化反应动力学考察（一级反应）——电动势法 ········· 111
  实验 66 蔗糖水解反应速率常数的测定（准一级反应）——分光光度法 ········· 113
  实验 67 蔗糖水解反应速率影响因素考察 ········· 113
  实验 68 蔗糖酶催化反应速率常数的测定——酶催化 ········· 114
  实验 69 药物稳定性测定（一级反应）——分光光度法 ········· 115

实验70　乙酸甲酯水解反应速率常数的测定（二级反应）——化学分析法 … 117
　　实验71　丙酮碘化反应速率常数的测定（复杂反应）——化学分析法 …… 118
　　实验72　丙酮碘化反应速率常数的测定（复杂反应）——电动势法 ……… 119

结构化学 …………………………………………………………………………… 119

基础实验 ………………………………………………………………………… 119

　　实验73　莫尔盐磁化率的测定 ………………………………………………… 119
　　实验74　偶极矩的测定 ………………………………………………………… 123

设计性实验 ……………………………………………………………………… 127

　　实验75　$Fe(ClO_4)_3$ 的水解反应考察——磁化率法 ………………………… 127

第三章　常用实验仪器

　　仪器1　测温仪器 ……………………………………………………………… 129
　　仪器2　黏度计 ………………………………………………………………… 133
　　仪器3　阿贝折射仪 …………………………………………………………… 135
　　仪器4　数字式电动势综合测试仪 …………………………………………… 138
　　仪器5　DJS-292型双显恒电位仪 …………………………………………… 141
　　仪器6　电导率仪 ……………………………………………………………… 143
　　仪器7　分光光度计 …………………………………………………………… 147
　　仪器8　WZZ-2B全自动旋光仪 ……………………………………………… 149
　　仪器9　FD-NST-Ⅰ型液体表面张力测定仪 ………………………………… 152
　　仪器10　电源 …………………………………………………………………… 154
　　仪器11　常用压缩气体钢瓶 …………………………………………………… 156

附录　相关数据表

附表1　原子量表 ………………………………………………………………… 158
附表2　国际单位制的基本单位 ………………………………………………… 159
附表3　国际单位制中具有专门名称的导出单位 ……………………………… 160
附表4　力的单位换算 …………………………………………………………… 160
附表5　压力的单位换算 ………………………………………………………… 161
附表6　能量的单位换算 ………………………………………………………… 161
附表7　SI词头 …………………………………………………………………… 161
附表8　基本常数 ………………………………………………………………… 162
附表9　不同温度下水与空气界面上的表面张力 ……………………………… 162
附表10　不同温度下水的饱和蒸气压 …………………………………………… 163
附表11　不同温度下水的黏度 …………………………………………………… 163
附表12　不同温度下液体的密度 ………………………………………………… 164
附表13　水溶液中一些电极的标准电极电势（25℃） ………………………… 164

附表 14　水溶液中强电解质离子的平均活度因子 $\gamma_{\pm}$(25℃) ……………… 165
附表 15　几种常用有机试剂的折射率 …………………………………………… 166
附表 16　某些有机化合物的标准摩尔燃烧焓（25℃） ………………………… 166
附表 17　不同温度下 KCl 溶液的电导率 κ ……………………………………… 167
附表 18　一些离子的极限摩尔电导率（298K） ………………………………… 168

参考文献

第一章

物理化学实验基础知识

第一节 物理化学实验要求及数据处理

物理化学实验是化学实验学科中的一个重要分支，它综合了化学领域中各分支所需要的基本研究工具和方法。通过物理化学实验，可以使学生掌握物理化学实验中常见的物理量的测量原理和方法，熟悉物理化学实验常用仪器和设备的操作与使用方法，从而能够根据所学原理选择和使用仪器、设计实验方案，为后续课程的学习及今后的工作打下必要的实验基础。学生通过实验现象的记录、实验条件的选择、重要物理化学性能的测定、实验数据的处理及可靠程度的判断、实验结果的分析和归纳等研究方法，可增强解决实际问题的能力。现简单介绍物理化学实验的基本要求，针对如何正确表达实验结果，扼要介绍实验中误差的表示方法及数据处理。

一、物理化学实验的要求

每个实验的实施都包括实验预习、实验操作、实验现象及数据记录和撰写实验报告四个步骤，它们之间是相互关联的，任何一步做不好，都会严重影响实验教学的质量。

1. 实验预习

实验的预习需要完成：阅读实验教材的有关内容，查阅相关资料，了解实验的目的、要求、原理和仪器、设备的正确使用方法，结合实验教材和有关参考资料写出预习报告。预习报告的内容包括：实验目的、实验原理、操作步骤、注意事项及原始数据记录表。撰写预习报告要注意简明扼要，重点是实验目的、操作步骤和注意事项。实验前，教师要检查每个学生的预习报告，针对疑难问题，可进行必要的提问，并耐心讲解。未预习和未达到预习要求的学生，必须完成预习，而后经教师同意，方可进行实验。

2. 实验操作

学生要严格遵守实验室的规章制度，注意安全，爱护仪器设备，节约实验用品，保持实验室的清洁和安静，听从教师的指导。不准无故迟到、早退、旷课，病假要持医院证明并申请补做，否则该实验记零分。

学生进入实验室后，应首先检查实验所需仪器和试剂是否齐全，做好实验前的准备工作。仪器设备安装完毕或连接好线路后，须经教师检查合格才能接通电源开始实验。实验操作时，要严格控制实验条件，仔细观察实验现象，详细记录原始数据，积极思考，善于发现问题和解决实验中出现的各种问题。未经教师允许，不得擅自改变操作方法。实验中仪器出现故障要及时报告，在教师指导下进行处理。仪器损坏要立即报告，进行登记，并按有关规定处理。实验数据必须达到要求，经教师检查合格后才能结束实验，整理并复原实验装置。实验要严肃认真，一丝不苟，不串位，不喧哗，严禁穿拖鞋背心和带食物进入实验室。实验完毕后，要将用过的玻璃仪器清洗干净，仪器和药品要整理好、放回原位，实验台和地面清理干净。经教师检查后，方可离开实验室。

3. 数据记录

数据记录是研究问题和写好实验报告的原始资料，也是以后可备查阅的永久依据。因此，养成良好的数据记录习惯和掌握正确的记录方法是培养研究工作能力的重要环节。

记录数据一定要做到准确、完整、条理分明，不能主观拣选或随意涂改数据。在不得已需要修改的情况下，可在认为不正确的数据上画一道线，作为记号，在重复测量和验证之后在原数据旁直接写上正确的数据，在任何时候都不得随意撕去记录页。所记录测量值的数字不仅表示数值的大小，而且要正确地反映测量的精确度。实验中所测得的各个数据，由于测量的精确度不完全相同，因而其有效数字的位数可能也不相同，在计算时应弃去多余的数字进行修约。过去人们常采用"四舍五入"的数字修约规则，现在应根据我国国家标准进行修约。

4. 实验报告

实验报告是总结和评价实验工作的重要依据。它是把实验中获得的感性认识上升为理性认识的重要过程。在书写报告时要认真思考，深入钻研，准确计算，字迹清晰，条理分明。每位同学应独立进行数据处理，独立完成实验报告。实验报告要真实反映实验的过程和结果，不得伪造和拼凑数据。实验报告的封面上要写明实验题目、完成日期、实验者和同组者的姓名、班级、室温、大气压、指导老师的姓名。实验报告的主要内容应包括：

（1）实验的目的与要求。

（2）实验的原理与测量方法。

（3）实验装置及所需药品与仪器。

（4）实验步骤。

（5）数据的记录与处理。按预先设计的表格填入数据，作图必须用规定的坐标图纸。数据处理和作图均应严格按"误差和数据处理"中有关规则进行。

（6）实验结果讨论。一般应包括实验结果的误差分析，对照文献值对其结果进行评价，提出做好本实验的改进意见与建议。

一个完整的实验报告格式主要取决于实验研究的课题、指导教师所规定的标准和学生的创造能力，上述各项内容仅作为写好报告的参考。

二、物理化学实验中的误差及偏差

1. 误差的基本概念

在实验中直接测量一个物理量时，由于测量技术和人们观察能力的局限，测量值与客观真实值不可能完全一致，其差值即为误差。只有知道实验结果的误差，才能了解结果的真实性、可靠性，决定这个结果对科学研究和生产是否有价值，进而研究如何改进实验方法、技术以及考虑仪器的正确选用和搭配等问题。若在实验前能清楚地了解测量允许的误差大小，则可以正确地选择适当精度的仪器、实验方法和实验条件，不致过分提高或降低实验的要求，造成不必要的浪费和损失。根据引起误差的原因及特点，可将误差分为以下几类：

(1) 系统误差。系统误差是指由于一定原因引起的具有"单向性"的误差,它对测量结果的影响有一定的规律,使测量结果系统偏高或偏低,重复测定会重复出现,它的大小在理论上可以加以确定。引起系统误差的原因主要有:

① 仪器的误差。该误差是由于仪器本身不够准确或未经校准所引起的。如温度计、移液管、压力计、电表的刻度不准而又未经校正,仪器零点飘移等。

② 试剂的误差。该误差是由于化学试剂不纯和蒸馏水中含有微量杂质所引起的。试样中含微量杂质或干扰测定的物质,试剂浓度不准确等都会引起误差。

③ 方法的误差。该误差是由于实验方法本身有缺陷或不够完善而造成的。如采用了近似测量方法或者由于计算过程中公式不够严谨,公式中的系数采用近似值而引入的误差。

④ 个人的误差。该误差是由于观察者个人的习惯而引起的。如对某种颜色的辨别特别敏锐或迟钝;记录某一信号的时间总是滞后;读数时眼睛的位置习惯性偏高或偏低等。

采取校正仪器、改进实验方法、提高试剂纯度、制订标准操作规程等措施,系统误差可消除或减小。另外,也可以采用由不同的实验者用不同的仪器或方法测量同一物理量,根据结果是否一致,来判定是否存在或是否已经消除系统误差。

(2) 偶然误差(用 δ 表示)。偶然误差是指由于一种难以控制的自然原因所造成的误差。它是可变的,有时大,有时小,有时正,有时负,是方向不定的非确定性误差。偶然误差虽可通过改进仪器和测量技术、提高操作的熟练程度来减小,但它是不可避免的。偶然误差的出现受正态分布规律的支配,可用"多次测定,取平均值"的方法来减小。

(3) 过失误差。过失误差是指由于实验者的粗心,不正确的操作或测量条件的突变所引起的误差。过失误差是不允许发生的,只要认真仔细地从事实验,是完全可以避免的。

所以,系统误差和过失误差总是可以设法避免的,而偶然误差是不可避免的,因此最好的实验结果应该只可能含有偶然误差。

2. 误差和偏差的表示方法

(1) 用误差来表示测量值的准确度,有绝对误差与相对误差之分:

$$绝对误差 = 测量值 - 真实值$$

$$相对误差 = \frac{测量值 - 真实值}{真实值} \times 100\%$$

(2) 用偏差来衡量测量值的精密度,常用的有:

$$绝对偏差(d) = 测量值 - 测量值的算术平均值$$

$$相对偏差 = \frac{绝对偏差}{测量值的算术平均值} \times 100\%$$

$$平均偏差(\bar{d}) = \frac{1}{n}\sum_{i=1}^{n}|d_i|$$

$$标准偏差(\sigma) = \sqrt{\frac{1}{n}\sum_{i=1}^{n}d_i^2}$$

误差和偏差在概念上是有区别的,前者以真实值为标准,后者以平均值为标准,但由于"真实值"无法知道,一般用平均值代替真实值,因此在实际工作中,不严格区分误差与偏差。

3. 可疑值及其舍弃

由概率理论可知,大于 3σ 的误差出现的概率只有 0.3%,如可疑值的误差 $>3\sigma$,则可以认为是过失误差而舍去,但一般测量次数少时,概率理论并不适用。

三、物理化学实验数据的有效数字与运算法则

在实验工作中，对任一物理量的测定，其准确度都是有限的，只能以某一近似值表示。因此测量数据的准确度就不能超越测量所容许的范围。如果任意将近似值保留过多的位数，反而会歪曲测定结果的真实性。实际上有效数字的位数就指明了测量准确度的幅度。现将有关有效数字和运算法则简述如下。

1. 测量数据的记录

记录测量数据时，一般只保留一位可疑数字。有效数字是指实际能够测量到的数字。能够测量到的是包括最后一位估计的不确定的数字。例如，一支滴定管的读数为42.49，其意义是十位数字为4，个位数字为2，十分位数字为4，百分位数字为9。从滴定管上的刻度来看，要读到千分位是不可能的，因为刻度只刻到十分之一，百分之一已为估计值。故在末位上，上下可能有正负一个单位的出入。因此，最末一位数可认为是不准确的或可疑的，而其前边各数字所代表的数值，则均为准确测量的。通常测量时，一般均可估计到最小刻度的十分位，故在记录一数值时，只应保留一位不准确数字，其余各数值均为准确数字。此时所记录的数字均为有效数字。

在确定有效数字时，要注意"0"这个数字。紧接小数点后的"0"仅用来确定小数点的位置，并不作为有效数字。例如，0.00045g中小数点后的三个"0"都不是有效数字；而0.450g中的小数点后"0"则是有效数字。再如850mm中的"0"就很难说是不是有效数字，这种情况下，通常将数据写成指数形式，如写成8.5×10^2mm，则表示有效数字为两位；写成8.50×10^2mm，则有效数字为三位；其余依此类推。

2. 运算过程中的尾数处理

在运算中采用尾数"小于五则舍，大于五则入，等于五则把尾数凑成偶数"的法则。例如，对29.0249取四位有效数字时，结果为29.02；取五位有效数字时，结果为29.025；但将29.015与29.025均取四位有效数字时，则都为29.02。

3. 加减运算

对实验数据进行加减运算时，计算结果的有效数字末位的位置应与各项中绝对误差最大的那项相同。例如，23.75、0.0084、2.642三个数据相加，若各数末位都有±1个单位的误差，则23.75的绝对误差±0.01为最大的，也就是小数点后位数最少的是23.75，所以计算结果的有效数字的末位应在小数点后第二位。

4. 第一位有效数字≥8的情况

若第一位有效数字≥8，则有效数字位数可多计一位。例如，9.12的有效数字实际上只有三位，但在计算有效数字时，可作四位计算。

5. 乘除运算

对实验数据进行乘除运算时，所得的积或商的有效数字，应以各值中有效数字最少者为标准。例如，$7.752\times0.0191\div91=1.63\times10^{-3}$。其中91的有效数字位数最少，但由于首位是9，故把它看成三位有效数字，其余各数都保留到三位，故上式计算结果为1.63×10^{-3}，保留三位有效数字。又如，$1.3\times0.524=0.68$。

在比较复杂的计算中，要按先加减后乘除的方法。计算中间各步可保留各数值位数较以上规则多一位，以免由于多次四舍五入引起误差的积累，对计算结果产生较大的影响，但最后结果仍只保留其应有的位数。例如：

$$\left[\frac{0.663\times(78.24+5.5)}{881-851}\right]^2=\left(\frac{0.663\times83.7}{30}\right)^2=3.4$$

6. 常数的处理

在所有计算式中，常数 π、e 及一些取自手册的常数，按需要取有效数字的位数。例如，当计算式中有效数字最低者为两位时，则上述常数可取两位或三位。

7. 对数计算

在对数计算中，所取对数位数（对数首数除外）应与真数的有效数字位数相同。

（1）真数有几位有效数字，则其对数的尾数也应有几位有效数字。例如，

$$\lg 317.2 = 2.5014$$
$$\lg(7.1\times 10^{28}) = 28.85$$

（2）对数的尾数有几位有效数字，则其反对数也应有几位有效数字。例如，

$$1.3010 = \lg 20.00$$
$$0.652 = \lg 4.49$$

8. 最后结果的整理

在整理最后的结果时，要按测量的误差进行化整，表示误差的有效数字一般只取一位，至多也不超过两位，例如，1.45±0.01。而当误差第一位有效数字为 8 或 9 时，只需多保留一位。

任何一物理量的数据，其有效数字的最后一位，在位数上应与误差的最后一位相对应。例如，测量结果为 1223.78±0.054，化整记为（1223.78±0.05）。又如，测量结果为 14356±86，化整记为 $(1.436±0.009)\times 10^4$。

9. 平均值的计算

计算平均值时，若为四个数或超过四个数相平均，则平均值的有效数字位数可增加一位。

10. 计算工具

关于计算工具问题，现在多采用函数计算器和计算机。

第二节　物理化学实验测量结果的表达

物理化学实验数据经初步处理后，为了表达实验结果所得出的规律，通常采用列表法、图解法、方程式法。由于在基础物理化学实验数据处理中大多运用图形表示法，因此以下重点讨论图解法，对列表法和方程式法只做简单介绍。

一、图解法

图解法又称作图法，用它表达物理化学实验数据，能清楚地显示出所研究的变量的变化规律，如极大值、极小值、转折点、周期性、数量的变化速率等重要性质。根据所作的图形，还可以作切线、求面积，将数据进一步处理。

1. 图解法的一般步骤及原则

下面举例说明实验结果的图解法处理的一般步骤及原则。

（1）坐标纸的选择与坐标的确定。坐标纸以直角坐标纸最为常用，有时根据需要也可选用半对数坐标纸或对数坐标纸，在表示三组分体系相图时，常用三角坐标纸。

在用直角坐标纸作图时，习惯上以自变量为横轴，因变量为纵轴；横轴与纵轴取值

应视具体情况而定，一般不一定从 0 开始。例如，测定不同浓度溶液的蒸气压得到如下数据：

溶液中 B 物质的摩尔分数（x_B）	0.02	0.20	0.30	0.58	0.78	1.00
溶液的蒸气压 p/mmHg	128.7	137.4	144.7	154.8	162.0	172.5

由于溶液的蒸气压 p 是随摩尔分数 x_B 而变，所以在作图时可取 x_B 为横坐标，p 为纵坐标。

（2）坐标范围的确定。坐标的范围要包括全部测量数据。

上例中 x_B 的变化范围：$1.00-0.02=0.98$；p 的变化范围：$172.5-128.7=43.8$ mmHg。

（3）比例尺的选择。坐标轴比例尺的选择极为重要。由于比例尺的改变，曲线形状也将随之改变。若选择不当，可能导致曲线对应于极大值、极小值或转折点的特殊部分看不清楚。比例尺的选择一般应遵循如下原则：

① 要能表示全部有效数字，以便使图解法求出自变量的准确度与测量的准确度相适应，为此将测量误差较小的量取较大的比例尺。

由实验数据画出曲线后，则结果的误差是由两个因素所引起的，即实验数据本身的测量误差及作图时产生的误差。为使作图不致影响实验数据的准确度，一般将作图的误差尽量减小到实验数据误差的 1/3 以下，这就使作图带来的误差可以忽略不计了。

② 图纸每一小格所对应的数值既要便于迅速简便地读数，又要便于计算，如 1，2，5 或者 1，2，5 的 10^n（n 为正整数或负整数）倍，尽量避免用 3，6，7，9 这样的数值及它们的 10^n 倍。

③ 若画出的图形是直线，则比例尺的选择应使其斜率接近于 1，直线的倾斜角接近 45°。

作图时对横坐标确定比例尺的方法可选用下列三种方法中的任意一种，其结果都相同。纵坐标比例尺的确定可参照执行。

第一种方法：图纸每小格（0.2 个格）的误差，若作图带来的误差要小于 x_B 的误差 1/3，才能不影响实验的准确度。因此，x_B 的比例尺一般可用每小格代表 x_B 的量（以 γ_{x_B} 表示）。γ_{x_B} 和 x_B 的误差 Δx_B 的关系是：

$$\gamma_{x_B} \times 作图误差 \leqslant 实验误差 \times \frac{1}{3}$$

$$\gamma_{x_B} \times 0.2 \leqslant \frac{\Delta x_B}{3}$$

上述实验数据中没有给出 γ_{x_B} 的误差，但从数据的有效数字来看，一般认为有效数字末位有一个单位的误差，即 $\Delta x_B=0.01$。将此值代入上式，得：

$$\gamma_{x_B} \times 0.2 \leqslant \frac{0.01}{3}$$

$$\gamma_{xB} \leqslant \frac{0.01}{0.2 \times 3} = \frac{0.01}{0.6} = 0.017/格$$

每小格为 0.017 属于不完整数值，不可作为比例尺，只能改为 0.02 或 0.01，设 $\gamma_{x_B}=0.02$/格，则作图误差为 $0.02 \times 0.2=0.004$ 是 Δx_B 的 1/2.5。当用 $\gamma_{x_B}=0.01$/格时，则作图误差为 $0.01 \times 0.2=0.002$，此时是 Δx_B 的 1/5，符合规定的误差要求。

第二种方法：利用逐步推算的方法，以使图纸所引起的误差可忽略不计。

设取 $\gamma_{x_B}=0.1$/格，则图纸引起的误差为 $0.1\times0.2=0.02$。

取 $\gamma_{x_B}=0.05$/格，则图纸引起的误差为 $0.05\times0.2=0.01$，大于 Δx_B 的 1/3。

取 $\gamma_{x_B}=0.01$/格，则图纸引起的误差为 $0.01\times0.2=0.002$，小于 Δx_B 的 1/3。

因此取 $\gamma_{x_B}=0.01$/格为宜。

第三种方法：把每小格当做 x_B 的有效数字中末位的一个单位或两个单位，在没有给出测定值的误差时，此法最为方便。

上例中 x_B 的有效数字中末位是在小数点后第二位，所以可取 $\gamma_{x_B}=0.01$/格或 0.02/格。如取 $\gamma_{x_B}=0.02$/格，图纸带来的误差 $0.02\times0.2=0.004$ 为 Δx_B 的 1/2.5，一般可采用。但若取 $\gamma_{x_B}=0.02$/格，作图时只需要 50 格，因此还是取 $\gamma_{x_B}=0.01$/格为宜，一方面可忽略作图的误差；另一方面使绘成的图形不致太小。

(4) 画坐标轴。选定比例尺后，画出坐标轴，在轴旁注明该轴所代表变量的名称及单位。在纵轴的左侧及横轴下面，每隔一定距离写下该点对应的数值（标度），以便作图及读数，但不应将实验值写于坐标轴旁，读数时，横轴由左至右，纵轴自下而上。

上面已确定 x_B 的比例尺为 0.01/格，即横坐标每小格为 0.01，x_B 的变化范围从 0.02～1.00，所以横坐标取 100 个小格，起点为 0。

纵坐标按上述比例尺选择的第三种原则规定，也应取约 100 个小格，p 的变化范围为 43.80mmHg，所以 $\gamma_p=43.8/100=0.44$，可取 0.5mmHg，这样纵坐标长度约为 90 个小格，起点可定为 125mmHg。

已知 $\gamma_{x_B}=0.01$/格，$\gamma_p=0.5$mmHg/格，坐标起点为 (0, 125)，即可在坐标纸上画出标度，没有必要每 10 个小格就记下标度。横坐标在起点，20 个小格，40 个小格，60 个小格，80 个小格，100 个小格处标上 0，0.20，0.40，0.60，0.80，1.00；纵坐标在起点，50 个小格和 100 个小格处分别标上 125，150，175 即可。

(5) 描点。将相当于测量值的各点绘于图上，各点可用 +、○、×、□或其他符号（在有些情况下，其面积之大小应近似地显示测量的准确度。如测量的准确度很高，圆圈应记得小些；反之，就大些）表示。在一张图纸上，如有多组不同的测量值时，各组测量值的代表点应以不同符号表示，以示区别，并需在图上注明。

(6) 连曲线。把点描好后，用曲线板或曲线尺作出尽可能接近于各实验点的曲线。曲线应平滑均匀，细而清晰，曲线不必通过所有点，但各点应尽量均匀分布在曲线两侧，且数量应近似相等。各点与曲线间的距离表示了测量的误差，曲线与点间的距离应尽可能小，并且曲线两侧各点与曲线间距离之和亦应近似相等。

如果理论上已阐明自变量和因变量为线性关系或从描点后各点的走向来看是一条直线，就应画为直线，否则就应按曲线来反映这些点的规律。

在画出直线时，一般先取各点的重心，此重心位置是两个变量的平均值。上例中此溶液具有理想溶液的性质，故 x_B 与 p 应为线性关系。在 $p-x_B$ 图中：$\bar{x}_B=0.48$；$p=150.0$。

坐标 (0.48, 150.0) 即为图中各点的重心，过此重心，选好一直线，使各点在此直线两侧较均匀分布（若非线性关系，则不必求重心）。

(7) 正确选用绘图仪器。绘图所用的铅笔应该削尖，才能使线条分明清晰，画线时应该用直尺或曲线尺辅助，不要仅凭手工来描绘。使用的直尺或曲线板应透明，才能全面地观察实验点的分布情况,画出合理的线条。

(8) 写图名。绘图完成后,应写清楚完整的图名及坐标轴的比例尺。图上除了图名、比例尺、曲线、坐标轴及读数之外,一般不再写其他内容及作其他辅助线。数据处理结果也不要写在图上,但在报告上应有相应的完整原始数据、数据处理过程和结果。上例中在图纸下写明"溶液蒸气压和B物质浓度的关系",即 p-x_B 关系图。

上例按一般步骤和原则作图如图Ⅰ-1所示。

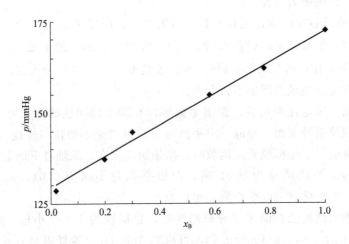

图Ⅰ-1 溶液蒸气压和B物质浓度的关系

此外,在物理化学实验中还常用到图解微分和图解积分技术。

2. 图解法的应用

图解法的应用极为广泛,其中最重要的有以下几方面。

(1) 求外推值。有些不能由实验直接测定的数据,常常可以用作图外推的方法求得。具体是利用测量数据间的线性关系,外推至测量范围之外,求得某一函数的极限值,这种方法称为外推法。例如,用黏度法测定高聚物的相对分子质量的实验中,首先必须用外推法求得溶液浓度趋于零时的黏度(即特性黏度)值,才能算出高聚物的相对分子质量。

(2) 求极值或转折点。函数的极大值、极小值或转折点,在图形上表现得很直观。例如,可用环己烷-乙醇双液系相图确定其最低恒沸点(极小值)。

(3) 求经验方程。若因变量 y 与自变量 x 之间有线性关系,那么就应符合以下方程:

$$y = mx + b$$

它们的几何图形应为一条直线,m 为直线的斜率,b 为直线在 y 轴上的截距。用实验数据 (x, y) 作图,从直线的斜率和截距便可求得 m 和 b 的具体数值,从而得出经验方程。

若因变量和自变量是指数函数的关系,则可通过取对数的方法,将它们转化为线性关系。例如,液体饱和蒸气压的测定中蒸气压与温度的倒数 $1/T$ 的关系。

(4) 作切线求函数的微商(图解微分法)。图解法不仅能表示出测量数据间的定量函数关系,而且可以从图上求出各点的微商。具体方法是在所得曲线上选定若干个点,然后用镜像法或平行线法作出各切线,计算出切线的斜率,即得该点函数的微商值。

① 镜像法。若在曲线的指定点 Q 上作切线，其方法是取一薄的平面镜子，将其边缘 AB 放在曲线的横断面上，绕 Q 转动，直到镜外曲线与镜像曲线连成一平滑曲线时，沿 AB 边画出直线即为法线，通过 Q 作 AB 的垂线即为切线，如图 Ⅰ-2 所示。

② 平行线法。在所选择的曲线上作两条平行线 AB 和 CD，作两线段中点的连线，交曲线于 Q 点，通过 Q 点作 AB 与 CD 的平行线即为 Q 点的切线，如图 Ⅰ-3 所示。

(5) 求导数函数的积分值（图解积分法）。设图形中的因变量是自变量的导数函数，则在不知道该导数函数解析表达式的情况下，亦能利用图形求出定积分值，称为图解积分法，通常求曲线下所包围的面积常用此法。

举例说明图解积分法。如图 Ⅰ-4 所示，设 $y=f(x)$ 为 x 的导数函数，则定积分 $\int_{x_1}^{x_2} y \mathrm{d}x$ 的值即为曲线下阴影的面积，故图解积分法即可解决求此面积的问题。粗略地计算，可直接数出阴影部分小格子的数量或剪下称重。某些工作需要精确的结果时，可用积分仪测定。

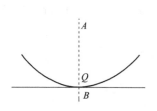 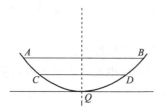 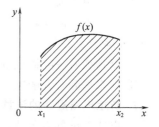

图 Ⅰ-2 镜像法作切线示意图　　图 Ⅰ-3 平行线法作切线示意图　　图 Ⅰ-4 图解积分法求面积示意图

二、列表法

利用列表法列出实验数据时，最常见的是列出自变量和因变量之间的相应数值。每一个表格都应有简明完整的名称。表中的每一行（或列）上都应详细写上该行（或列）所表示变量的名称、单位和因次。在排列时，数字最好依次递增或递减，在每一行（或列）中，数字的排列要整齐，位数和小数点要对齐，有效数字的位数要合理。

列表法简单易行，不需要特殊图纸（如坐标纸）和仪器，形式紧凑，便于参考和比较，在同一表格内，可以同时表达几个变量间的变化情况。实验的原始数据一般采用列表法记录。以饱和蒸气压的测定列表为例：

温度 (t)/℃	压差 (Δp)/mmHg	蒸气压 (p)/mmHg	$\dfrac{1}{T}$/K^{-1}	$\lg(p)$/mmHg

三、方程式法

将一组实验数据用数学方程式表达出来是最为精练的一种方法，它不但方式简单而且便于进一步求解，如积分、微分、内插等。此法首先要找出变量之间的函数关系，然后将其线性化，进一步求出直线方程的斜率 m 和截距 b，即可写出方程式。也可将变量之间的关系直接写成多项式，通过计算机曲线拟合求出方程式的具体形式。

第三节　物理化学实验室安全常识

在实验室做实验具有一定的危险性。因此，实验者进入实验楼，应先熟悉各项急救设备的使用方法，了解实验楼的楼梯和出口的位置。进入实验室后，应首先熟悉实验室内的电气总开关、灭火器具和急救药品在什么地方，以便一旦发生事故，能及时采取相应的防护措施。此外，实验者还需要了解一些安全常识，以便安全、顺利地完成实验。

一、安全用电常识

人体通过 50Hz 的交流电 1mA 就会有感觉；强度达 10mA，会使肌肉强烈收缩；达 25mA，则可导致呼吸困难，甚至停止呼吸；达 100mA，则使心脏的心室产生纤维性颤动，以致死亡。

1. 预防触电的注意事项

① 操作电器前，手必须干燥。不得直接接触绝缘不好的通电设备。

② 一切电源的裸露部分都应有绝缘措施，电线接头要裹上绝缘胶布，所有电器设备的金属外壳应连接地线。

③ 修理或安装电器设备时，必须先切断电源。

④ 如果遇到有人触电，应首先切断电源，然后再进行抢救。

2. 防止电路短路的注意事项

① 电线、电器不要被水淋湿或浸在导电液体中。

② 线路中的各接点应牢固，电路元件两端接头不得互相接触，以防短路。

3. 防止火灾的注意事项

① 电线的安全通电量应大于用电功率。

② 室内若有氢气、煤气等易燃易爆气体，应避免产生电火花。继电器工作和开关电闸时，易产生电火花，要特别小心。电器接触点（如电插头）接触不良时，应及时修理或更换。

③ 如遇电线起火，应立即切断电源。用沙或二氧化碳、四氯化碳灭火器灭火，禁止用水或泡沫灭火器等导电液体灭火。

4. 使用仪器、仪表的注意事项

① 注意仪器设备所要求的电源是交流电还是直流电，三相电还是单相电；额定电压的大小和功率是否合适以及正负接头是否连接正确等。

② 注意仪表的量程。待测数值必须与仪器的量程相适应，当待测量大小不清楚时，必须先从仪器的最大量程开始测试。

③ 线路安装完毕后，应检查无误再打开电源。

④ 仪器使用完毕后，应关闭电源。

⑤ 在电器仪表使用过程中，如发现不正常声响，局部升温过快或嗅到绝缘漆过热产生的焦味，应立即切断电源，并报告教师进行故障检查。

二、化学药品使用常识

1. 正确使用汞

在常温下，汞容易挥发，汞蒸气吸入体内会使人受到毒害，所以必须严格遵守下列安全用汞的操作规定。

① 汞不能直接暴露于空气中，应在汞面上加水或用其他液体覆盖。

② 一切倾倒汞的操作，无论量多少，一律在浅瓷盘中进行（盘中装水）。在倾去汞上的水时，先把瓷盘上的水倒入烧杯，再把水由烧杯倒入水槽。

③ 装汞的仪器下面一律要放置一个浅瓷盘，使得在操作过程中偶然洒出的汞不致滴落桌上或地上。

④ 实验操作前，应检查仪器安放处或仪器接口处是否连接牢固，橡皮管或塑料管的连接应一律用铜线缠牢，以免在实验时脱落，使汞流出。

⑤ 倾倒汞时，一定要缓慢。如果用烧杯盛汞，烧杯容积不得超过 30mL，以免倾倒时汞会溅出。

⑥ 储存汞的容器必须是结实的厚壁玻璃或瓷器，以免由于汞本身的重量而使容器破裂。

⑦ 万一有汞洒落在地上、桌上或水槽等地方，应尽可能地用吸汞管将汞珠收集起来，再用能与汞形成汞齐的金属片（如 Zn、Cu）从汞溅落处扫过，最后用硫黄粉覆盖在有汞溅落的地方，并摩擦，使汞变成 HgS；亦可用 $KMnO_4$ 溶液使汞氧化的方法处理。

⑧ 擦过汞的滤纸或布片必须放在有水的瓷缸内。

⑨ 装有汞的仪器应避免受热，汞应放在远离热源之处。严禁将装有汞的器具放入烘箱。

⑩ 用汞的实验室应配有良好的通风设备，并最好与其他实验室分开，经常通风排气。

⑪ 若手上有伤口，切勿触及汞。

2. 化学药品防毒

大多数化学药品都具有不同程度的毒性，并且可以通过呼吸道、消化道和皮肤进入人体。因此，防毒的关键是尽快地切断或减少毒物进入人体的途径。

① 实验前应了解所用药品的毒性和防护措施。

② 操作有毒气体或易挥发、有毒和强腐蚀性药品（如 H_2S、Cl_2、Br_2、NO_2、浓盐酸、氢氟酸等），应在通风橱中进行。

③ 苯、四氯化碳、乙醚、硝基苯等的蒸气会引起中毒。虽然它们都有特殊的气味，但久吸后会使人嗅觉减弱，无法分辨出异味，必须高度警惕。

④ 用移液管移取有毒、有腐蚀性液体（如苯、洗液等）时，应该规范操作。

⑤ 有些药品（如苯、有机溶剂、汞）能透过皮肤进入体内，应避免与皮肤直接接触。

⑥ 高汞盐 [$HgCl_2$、$Hg(NO_3)_2$ 等]、可溶性钡盐（$BaCO_3$、$BaCl_2$）、重金属盐（镉盐、铅盐）以及氰化物、三氧化二砷等剧毒物，应妥善保管。

⑦ 不得在实验室内饮水、抽烟、吃东西。餐具不得带入实验室内，以防化学药品沾染。离开实验室时要洗净双手。

3. 化学药品防爆

可燃性气体与空气的混合物，遇到明火或电火花易发生爆炸。表 I-1 列出某些气体与空气气相混合的爆炸极限。

表Ⅰ-1　某些气体与空气气相混合的爆炸极限（20℃，1.01×10^5 Pa）

气体	爆炸高限 体积分数/%	爆炸低限 体积分数/%	气体	爆炸高限 体积分数/%	爆炸低限 体积分数/%
氢	74.2	4.0	丙酮	12.8	2.6
乙炔	80.0	2.5	乙酸（醋酸）	—	4.1
苯	6.8	1.4	乙酸乙酯	11.4	2.2
乙醇	19.0	3.3	氨	27.0	15.5
乙醚	36.5	1.9	—	—	—

因此，应尽量防止可燃性气体散发到室内空气中，同时应保持室内通风良好，防止形成可爆炸的混合气。在操作大量可燃性气体时，严禁使用明火，严禁使用可能产生电火花的电器以及防止铁器撞击产生火花等。

注意有些化学药品，如高氯酸盐、过氧化物等，受到震动或受热容易引起爆炸。特别应防止强氧化剂与强还原剂存放在一起。久存的乙醚在使用前，需设法除去其中可能产生的过氧化物。在操作可能发生爆炸的实验时，应备有防爆设施。

4. 化学药品防火

许多有机溶剂，如乙醚、丙酮、乙醇、苯、二硫化碳等很容易引起燃烧。使用这类有机溶剂时，室内不应有明火以及电火花、静电放电等。实验室不可存放过多这类药品，用后要及时回收、处理，切不要倒入下水道，以免积聚引起火灾等事故。

有些物质能自燃，如黄磷在空气中就能因氧化而自行升温燃烧。一些金属，如锌、铝等的粉末由于比表面很大，能剧烈地进行氧化，自行燃烧。金属钠、钾、电石及金属的氢化物、烷基化合物等，也应注意安全存放和小心使用。

一旦发生火情，应冷静判断情况，采取措施。常用来灭火的有水、沙以及 CO_2 灭火器、CCl_4 灭火器、泡沫灭火器、干粉灭火器等，可根据着火原因、场所情况来选用。水是最常用的灭火物质，可以降低燃烧物质的温度，并且形成"水蒸气幕"，能在相当长时间内阻止空气接近燃烧物质。但是，金属钠、钾、镁、铝粉、电石、过氧化钠等着火，应采用干沙灭火。对易燃液体，如汽油、苯、丙酮等引起的着火，采用泡沫灭火剂更有效，因为泡沫比易燃液体轻，覆盖在上面可隔绝空气，阻止燃烧。

三、意外事故处理方法

1. 割伤

割伤应立即用消毒棉擦净伤口，若伤口内有玻璃碎片，应小心挑出，然后涂上红药水（或紫药水），撒上消炎粉或敷上消炎膏并用绷带包扎。若伤口过大，应立即送医院救治。

2. 烫伤

烫伤可用高锰酸钾或苦味酸溶液擦洗伤处，再涂上凡士林或烫伤药膏。

3. 强酸烧伤

强酸烧伤应立即用大量清水冲洗，然后涂抹碳酸氢钠油膏或凡士林。如果酸溅入眼中，先用大量水冲洗，再用饱和碳酸氢钠溶液冲洗，最后用去离子水冲洗。

第四节 Origin 和 Excel 在物理化学实验中的应用举例

物理化学实验数据的处理，常常需要作二维图形。传统的实验数据处理是在坐标纸上进行的，但由于这种方法在描点画线、选取坐标比例时难免引入因作图者差异而导致的误差，因此即使对同一组实验数据进行处理，所得到的实验结果也常常不能吻合，相互之间误差较大。再者，数据的纸上处理过程繁杂、费时，效率很低，已不能适应信息化时代的要求。因此，有必要改变这种传统的数据处理方法。随着计算机的不断普及，分析条件的不断改善，软件功能的不断增强以及操作方法的不断简化，应用计算机软件处理实验数据，不但可以减少在数据处理过程中人为因素产生的各种误差，提高实验结果的准确性，还可以极大地提高实验效率，对客观评价学生的实验结果具有重要意义。

一、Origin 在"二元液系气液平衡相图的绘制"中的应用

Origin 是由 Origin Lab 公司开发的一个高级科学绘图、数据分析软件，近年来越来越受到科研工作者的欢迎。它是一个功能性强又相当易学易用的科学数据处理软件。与其他专业的实验处理软件不同的是：Origin 处理实验数据不需要编写任何程序，使用者通过简单的学习，即可获得专业的处理结果。Origin 最新版本是 Origin 2019 版，其经典版本为 Origin 7.5，两者基本功能差异不大。

下面以"环己烷-乙醇二元液系的气液平衡相图"为例，简要介绍如何用 Origin 软件对实验数据进行计算、作图和非线性拟合。

通过实验，得到以下实验数据：

20mL 乙醇中每次加入环己烷的量/mL	平衡温度/℃	液 相		气 相	
		折射率	$x_{乙醇}$/%	折射率	$x_{乙醇}$/%
0.00	78.24	—	100.0	—	100.0
0.50	75.87	1.3669	83.6	1.3610	94.0
1.00	72.66	7.3789	61.8	1.3622	92.0
2.00	69.10	1.3941	39.6	1.3663	91.6
4.00	66.60	1.3977	33.6	1.3728	72.8
8.00	65.20	1.3992	31.8	1.3847	54.0
12.00	64.86	1.4002	31.6	1.3938	55.2

20mL 环己烷中每次加入乙醇的量/mL	平衡温度/℃	液 相		气 相	
		折射率	$x_{乙醇}$/%	折射率	$x_{乙醇}$/%
0.00	80.03	—	0	—	0
0.20	77.36	1.4071	2.00	1.4226	0.4
0.20	75.26	1.4040	24.0	1.4220	0.6
0.30	68.54	1.4021	27.0	1.4213	0.8
0.50	66.37	1.4016	27.8	1.4193	3.8
1.00	65.23	1.4010	28.8	1.4162	7.0
2.00	64.86	1.4000	30.0	1.4105	14.6

利用 Origin 8.0 对上表数据进行相图制作，步骤如下：

① 打开 Origin 2019，其默认打开了一个 Sheet 窗口，该窗口缺省为 A、B 两列。选择"Column"菜单中的"Add New Column"添加一个新列。

② 将平衡温度、液相和气相的乙醇含量分别输入 A、B、C 三列中。

③ 下面将数据按照 B 列（即液相的乙醇含量）按升序排列：选中 A、B、C 三列，然后选择"WorkSheet"菜单→"SortRange"→"Custom"，在新弹出的"Nested Sort"对话框中，左侧的"Selected Columns"中选择 B，然后点击"Ascending"按钮，再单击"OK"按钮关闭对话框，排序完成。

④ 选中 A、B、C 三列，然后在表的任何单元格处单击鼠标右键，在弹出来的菜单中选择"Set As"，然后选择"XYY"。至此数据预处理全部完成。此时数据的状态如下所示：

	A(X)	B(Y)	C(Y)
Long Name			
Units			
Comments			
1	80.03	0	0
2	77.36	0.4	2
3	75.26	0.6	24
4	68.54	0.8	27
5	66.37	3.8	27.8
6	65.23	7	28.8
7	64.86	14.6	30
8	65.2	54	31.6
9	64.86	55.2	31.8
10	66.6	72.8	33.6
11	69.1	91.6	39.6
12	72.66	92	61.8
13	75.87	94	83.6
14	78.24	100	100

⑤ 选中 A、B、C 三列，然后选择"Plot"菜单→"line+symbol"。软件自动生成了一个名称为"Gragh1"的窗口。此时的图形是 X-Y 轴翻转的，选择"Graph"菜单下的"Exchange X-Y Axes"命令，即可让 X-Y 轴进行交换。

⑥ 双击图中的曲线。弹出"Plot Details"的对话框。在"Line"选项卡中的 Connect 下拉菜单中选择"B-Spline"选项，单击"OK"按钮，Origin 自动将数据点拟合成了平滑的曲线。

⑦ 对生成的图像进行美化。选择 T 工具（如果菜单中没有，可按 Ctrl+T 快捷键，在弹出的"Customize Toolbar"对话框中的"Toolbar"列表中，将"Tools"一项勾选即可），然后在图中的适当位置加上图名、作者、日期等内容。双击坐标轴的"A""B"字样，即可更改坐标轴标示。双击数据点，即可更改点的大小和形状。至此，相图全部制作完成，如下所示。

二、Excel 在"液体饱和蒸气压的测定"实验数据处理中的应用

Microsoft Excel 由微软公司为使用 Windows 和 Apple Macintosh 操作系统的计算机而编写和运行的一款试算表软件。直观的界面、出色的计算功能和图表工具，再加上成功

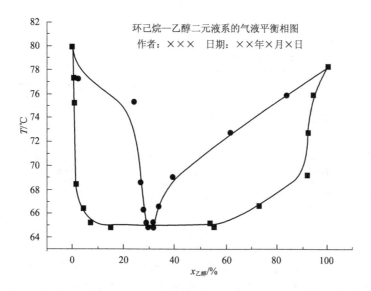

的市场营销，使 Excel 成为最流行的计算机数据处理软件。由于一般计算机中都有 Office 套装软件 Excel，而且使用方便，因此实验中常用它进行列表法处理实验数据和一般函数曲线的绘制。Excel 的最新版本为 Excel 2016，经典版本为 Excel 2003，两者在界面上差异较大，但作图的主要方法差异不大。使用者只需掌握其中一个版本的使用方法即可。

现以"液体饱和蒸气压的测定"实验数据处理为例，介绍应用 Excel 2007 软件处理实验数据的主要方法。步骤如下：

① 输入实验数据。打开 Excel 2016，在二维表格内输入得到的实验数据，如下所示：

	A	B	C	D	E	F
1	室内气压：763.1mmHg					
2	温度/℃	压差(Δp)/mmHg	蒸气压(p)/mmHg	$1/T$/K^{-1}	$1/T\times 10^{-3}$/K^{-1}	$\lg p$
3	50.00	−528.8				
4	52.96	−497.8				
5	55.99	−457.6				
6	59.00	−416.6				
7	61.99	−372.2				
8	65.00	−318.8				
9	67.98	−259.4				
10	70.98	−191.9				
11	74.00	−119.1				
12	77.00	−36.8				
13	77.93	0				
14						

② 选中 C3 单元格，在里面输入公式"=763.1+\$B3"；选中 D3 单元格，在里面输入公式"=1/(273.15+\$A3)"；选中 E3 单元格，在里面输入公式"=D3*10^3"；选中 F3 单元格，在里面输入公式"=LOG10(\$C3)"。至此表中第三行的数据计算完毕。

③ 选定 C3：F3 区域，向下拖拽 F3 单元格右下角的实心十字填充柄至第 13 行，Excel 将按照第 3 行的公式模板自动计算出所有需要的数据。如下所示：

	A	B	C	D	E	F
1	室内气压：763.1mmHg					
2	温度/℃	压差(Δp)/mmHg	蒸气压(p)/mmHg	$1/T/K^{-1}$	$1/T \times 10^{-3}/K^{-1}$	$\lg p$
3	50.00	-528.8	234.3	0.0030945	3.095	2.370
4	52.96	-497.8	265.3	0.0030664	3.066	2.424
5	55.99	-457.6	305.5	0.0030382	3.038	2.485
6	59.00	-416.6	346.5	0.0030107	3.011	2.540
7	61.99	-372.2	390.9	0.0029838	2.984	2.592
8	65.00	-318.8	444.3	0.0029573	2.957	2.648
9	67.98	-259.4	503.7	0.0029314	2.931	2.702
10	70.98	-191.9	571.2	0.0029059	2.906	2.757
11	74.00	-119.1	644	0.0028806	2.881	2.809
12	77.00	-36.8	726.3	0.0028559	2.856	2.861
13	77.93	0	763.1	0.0028484	2.848	2.883
14						

④ 以 $\lg p$ 对 $1/T$ 作图：选中 E3：F13 区域，然后点击"插入"选项中的"散点图"下拉菜单，选择"XY 散点图"（Excel 2016 中直接点击 按钮进行同样选择即可）。

⑤ 在生成图表中的数据点上单击鼠标右键，选择"添加趋势线"命令，在弹出对话框的"趋势预测/回归分析类型"中选择"线性"，勾选"显示公式"复选框，点击"关闭"按钮，可以看见 Excel 自动将数据散点拟合成了一条直线，并且在图上自动生成带有直线的公式，x 的系数即为直线的斜率。

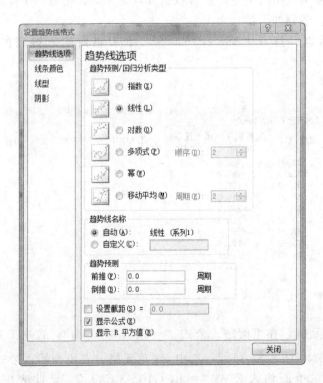

⑥ 在生成的图表上单击鼠标右键，选择"设置图表区格式"，即可对图表进行美化和添加图名、作者、日期等内容。

Excel 2016 除了在液体饱和蒸气压实验数据处理中的应用外，还可以应用于蔗糖的水解

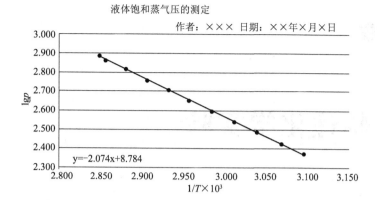

反应以及乙酸乙酯的皂化反应等直线方程的数据处理。

需要指出的是，实验的数据处理是一套严谨的科学体系。在科学实验中，仅仅会应用计算机软件对实验数据进行简单的处理是不够的，应同时掌握数据处理与分析、数理统计等相关知识，实验人员具备相关的素养对其学习和工作是十分有益的。

第二章

物理化学实验

热化学

基础实验

实验 1 燃烧焓的测定

一、实验目的

(1) 用氧弹式量热计测定萘的燃烧焓。
(2) 明确燃烧焓的定义,了解恒压燃烧热与恒容燃烧热的差别。
(3) 了解氧弹式量热计中主要部分的作用,掌握氧弹式量热计的实验技术。
(4) 学会雷诺图解法校正温度改变值。

二、实验原理

燃烧焓是指 1mol 物质在恒温、恒压下与氧进行完全氧化反应时的焓变。"完全氧化"的意思是化合物中的元素生成较高级的稳定氧化物,如碳被氧化成 CO_2(气),氢被氧化成 H_2O(液),硫被氧化成 SO_2(气)等。燃烧焓是热化学中重要的基本数据,因为许多有机化合物的标准摩尔生成焓都可通过盖斯定律,由它的标准摩尔燃烧焓及二氧化碳和水的标准摩尔生成焓求得。通过燃烧焓的测定,还可以判断工业用燃料的品质等。

由上述燃烧焓的定义可知,在非体积功为零的情况下,物质的燃烧焓常以物质燃烧时的热效应(燃烧热)来表示,即 $\Delta_c H_m = Q_{p,m}$。因此,测定物质的燃烧焓实际就是测定物质在恒温、恒压下的燃烧热。恒压燃烧热(Q_p)与恒容燃烧热

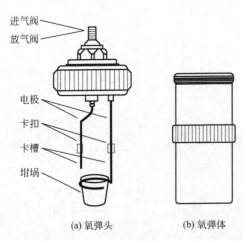

(a) 氧弹头   (b) 氧弹体

图 1-1 氧弹结构示意图

(Q_V) 之间的关系为：

$$Q_p = Q_V + \Delta\xi \sum \nu_B(g)RT \quad (1\text{-}1)$$

或

$$Q_{p,m} = Q_{V,m} + \sum \nu_B(g)RT \quad (1\text{-}2)$$

式中 $Q_{p,m}$ 和 $Q_{V,m}$ ——恒压摩尔反应热和恒容摩尔反应热；

$\sum \nu_B(g)$ ——气体化学计量数的代数和；

$\Delta\xi$ ——反应进度；

Q_p 或 Q_V ——反应进度为 $\Delta\xi$ 时的反应热；

T ——反应的绝对温度。

1. 测量方法和仪器

测定物质的燃烧热一般采用量热法，它也是热力学实验的一个基本方法。测量热效应的仪器称作量热计，本实验采用氧弹式量热计测量燃烧热，图 1-1 为氧弹结构示意图。

2. 测量原理

量热计的测量原理是能量守恒定律。样品完全燃烧放出的能量使量热计本身及其周围介质（本实验用水）温度升高，测量出介质在样品燃烧前后温度的变化，就可以求算该样品的恒容燃烧热。其关系如下：

$$Q_V = -C_V \Delta T \quad (1\text{-}3)$$

式中，负号是指系统放出热量，放热时系统的内能降低，而恒容热容 C_V 和温度的变化值 ΔT 均为正值。

3. 测量值的校正

(1) 计算水当量及放热量时的数值校正。系统除样品燃烧放出的热量引起系统温度升高以外，其他因素，如燃烧丝的燃烧、氧弹内 N_2 和 O_2 化合并溶于水形成硝酸等，都会引起系统温度的变化，因此在计算水当量及放热量时，这些因素都必须进行校正，其校正值如下：

① 燃烧丝的校正：Cu-Ni 合金丝 $-3.138 \text{J} \cdot \text{cm}^{-1}$。

② 酸形成的校正（本实验此因素可忽略不计）。

校正后的关系式为：

$$Q_V m - 3.138 L = -K \Delta T \quad (1\text{-}4)$$

式中 Q_V ——样品的恒容燃烧热，$\text{J} \cdot \text{g}^{-1}$；

m ——样品的质量，g；

L ——燃烧丝的长度，cm；

K ——量热计的水当量，$\text{J} \cdot \text{K}^{-1}$，一般用纯净苯甲酸的燃烧热来标定，苯甲酸的恒容燃烧热 $Q_V = -26.526 \text{kJ} \cdot \text{g}^{-1}$。

(2) 雷诺图解法校正温度差测量值。为了保证样品完全燃烧，氧弹中高压氧气必须充足，因此要求氧弹密封，耐高压、耐腐蚀。同时，粉末样品必须压成片状，以免充气时冲散样品，使燃烧不完全，而引起实验误差。完全燃烧是实验成功的第一步，第二步还必须使燃烧后放出的热量不散失，不与周围环境发生热交换，全部传递给量热计本身和其中的水，促使量热计和水的温度升高。为了减少量热计与环境的热交换，量热计放在一恒温的套壳中，故称环境恒温量热计或外壳恒温量热计。量热计须高度抛光，也是为了减少热辐射。量热计和套壳中间有一层挡屏，以减少空气的对流。虽然如此，热漏还是无法避免，因此燃烧前后温度变化的测量值必须经过雷诺图解法校正。其校正方法如下：

预先调节内筒水温低于环境（外筒）温度 $0.5\sim1.0$℃，称取适量待测物质，使燃烧后水温升高 $1.5\sim2.0$℃。然后将燃烧前后历次观察的水温对时间作图，连成曲线 $FHIDG$，见图 1-2(a)，图中 H 点相当于开始燃烧的点，D 点为观察到的最高温度读数点，I 点为环境温度读数点，过 I 点作一条平行于时间轴的直线，交温度轴于 J 点，过 I 点作垂线 ab，然后将 FH 段和 GD 段外延交 ab 于 A、C 两点。A 点与 C 点所表示的温度差，即为雷诺校正后温度的升高值 ΔT。图中 AA' 为开始燃烧直至温度上升至室温这一段时间 Δt_1 内，由环境辐射和搅拌引入的能量而造成量热计温度的升高，必须扣除。CC' 为温度由室温升高到最高点 D 这一段时间 Δt_2 内，量热计向环境辐射出能量而造成量热计温度的降低，因此需要添加上。由此可见，A、C 两点的温差较客观地表示了由于样品燃烧而使量热计温度升高的数值，有时量热计的绝热情况良好，热漏小，而搅拌器功率大，不断引进能量，使得燃烧后的最高点不出现，这种情况下，ΔT 仍然可以按照相同的方法校正，图 1-2(b)。

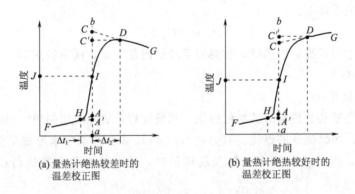

(a) 量热计绝热较差时的温差校正图

(b) 量热计绝热较好时的温差校正图

图 1-2 雷诺图解法温差校正图

三、仪器与试剂

1. 仪器

SHR-15B 燃烧热实验装置、氧气钢瓶（带减压阀）、压片机、SWC-Ⅱ精密数字温度温差仪、万用电表、托盘天平、分析天平、钢尺、容量瓶（1L、2L）。

2. 试剂

萘（A.R.）、苯甲酸（A.R.）、Cu-Ni 合金丝。

图 1-3 压片机示意图

四、实验步骤

1. 测定萘的燃烧焓

(1) 样品压片及燃烧丝的准备。用台秤称取 0.6g 左右萘，将压片机的垫筒放置在可调底座上（见图 1-3），装上模子，并从上面倒入已称好的萘样品，把压棒放入模子中，压下手柄至适当位置，即可松开。取出模子和垫筒，把垫筒倒置在底座上，放上模子，放入压棒，压下手柄至样品掉出。将样品在分析天平上准确称重，置于燃烧坩埚中待用。另取一段长约 11cm 的燃烧丝，准确测量其长度后将其中段在细铁丝上缠绕 5~6 圈,使之成弹簧状备用。

(2) 充氧气。将燃烧丝的两端分别固定在氧弹两个电极的卡槽中(如图 1-1),再用卡扣卡紧。调节燃烧丝中段下垂部分使之与样品接触,但燃烧丝不能与坩埚壁相碰。旋紧氧弹盖,用万用电表检查电极是否通路。若通路就可以充氧气(如图 1-4)。将氧气导管和氧弹的进气管接通,先打开阀门 1(逆时针旋开),再渐渐打开阀门 2(顺时针旋紧),使表 2 指针指在表压 2MPa。下压充氧器上的充氧把手,使其对准氧弹进气阀充氧。观察充氧器的压力表,待其到达 2MPa 左右之后继续保持 30s,然后松开充氧把手,关闭阀门 2,关闭阀门 1,完成充氧操作(但阀门 2 到阀门 1 之间尚有余气,因此实验结束,要将充氧器与阀门 2 连接的一端拆下,打开减压阀门 2 以放掉余气,再关闭阀门 2,使钢瓶和表头恢复原状)。

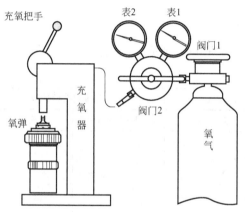

图 1-4 充氧示意图　　　　　图 1-5 量热计安装示意图

(3) 燃烧和测量温度。将充好氧气的氧弹用万用电表检查是否通路,若通路则将氧弹放入内桶,如图 1-5 所示,安装好量热计系统,并将控制器上各线路连接好。打开实验装置电源开关(图 1-6),将温度传感器插入外筒。用手动搅拌器对外筒进行搅拌,同时在控制面板上观察外筒水温。用容量瓶准确量取已被调节到低于外筒温度 0.5~1.0℃左右的自来水 3000mL,倒入内桶。盖上盛水桶盖子,观察点火指示灯是否被点亮(图 1-6),如已经点亮则将温度传感器插入内筒,同时打开搅拌开关。在控制面板上观察温度显示,待其基本稳定后依次按下采零和锁定,此操作用于设定温差显示基

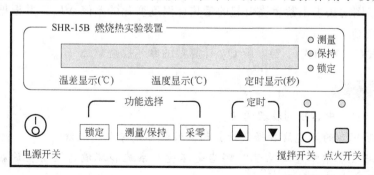

图 1-6 实验装置控制面板

准。再次将温度传感器插入外筒，用手动搅拌器对外筒进行搅拌，待温差显示稳定后，记录外筒温差值或温度值，温差值为图1-2中的 J 点温度。将温度传感器重新插入内筒中，每间隔1min记录一次温差显示值，共记录十次。按下点火开关，此时每隔15s记录一次温差值，直至间隔1min温差显示变化小于0.002℃。再每隔1min记录一次温差显示值，共记录十次。

关闭搅拌开关，将温度传感器从内筒取出。打开内筒盖，取出氧弹。用泄压阀放出氧弹内的残余气体，旋开氧弹头，若观察到氧弹坩埚内有黑色残渣或未燃尽的样品微粒，则说明燃烧不完全，此实验失败。如未发现这些情况，取下残余的燃烧丝，测其长度，计算实际燃烧掉的燃烧丝长度，将筒内水倒掉，即测好了一个样品。

2. 测定量热计的水当量 K

称取1g左右的苯甲酸，同法进行上述实验操作一次。

五、数据记录与处理

1. 数据记录

燃烧丝长度：_____ 残丝长度：_____ 萘（苯甲酸）的质量：_____
外筒水温温差值：_____ 外筒水温温度值：_____ 室温：_____

前期温度每分钟读数		燃烧期温度每15s读数		后期温度每分钟读数	
时间/min	温差/℃	时间	温差/℃	时间/min	温差/℃
1		10′15″			
2		10′30″			
3		10′45″			
4		11′			
5		⋮			
6					
7					
8					
9					
10					

2. 数据处理

（1）用雷诺图解法求出苯甲酸燃烧引起的量热计温度差值 ΔT_1，并根据式(1-4)计算量热计的水当量 K。

（2）用雷诺图解法求出萘燃烧引起的量热计温度变化的差值 ΔT_2，并根据式(1-4)计算萘的恒容燃烧热 Q_V。

（3）根据式(1-1)和式(1-2)，由 Q_V 计算萘的摩尔燃烧焓 $\Delta_c H_m$。

思考题

1. 指出式(1-1)中各项的物理意义。
2. 如何用苯甲酸的燃烧焓数据来计算苯甲酸的标准摩尔生成焓？
3. 在本实验装置中哪些是系统？哪些是环境？系统和环境通过哪些途径进行热交换？这些热交换对结果有哪些影响？
4. 使用氧气钢瓶要注意哪些问题？

5. 搅拌过快或过慢对结果有何影响？

6. 为什么实验测量到的温度差值要经过雷诺图解法校正？

实验 2　化学反应热的测定——恒压量热法

一、实验目的

（1）了解化学反应热的测定方法。

（2）进一步练习分析天平的使用，熟悉溶液的配制方法。

二、实验原理

在化学反应中，系统吸收或放出的热量，称为反应热。

本实验通过锌粉和硫酸铜溶液的反应测定反应热。反应方程式和298K时的恒压反应热如下：

$$Zn + CuSO_4 = ZnSO_4 + Cu$$

$$Q_p = -216.8 \text{kJ} \cdot \text{mol}^{-1}$$

该反应是放热反应，每摩尔锌置换铜离子时所放出的热量，就是这个反应的反应热。通过溶液的比热容和反应过程中溶液温度升高的测定值进行计算，可以求得该反应的反应热。计算公式如下：

$$Q_p = \frac{-\Delta TCV\rho}{1000n} \tag{2-1}$$

式中　Q_p——恒压反应热，$\text{kJ} \cdot \text{mol}^{-1}$；

ΔT——溶液的温度升高值，K；

C——溶液的比热，$\text{J} \cdot \text{g}^{-1} \cdot \text{K}^{-1}$；

ρ——溶液的密度，$\text{g} \cdot \text{mL}^{-1}$；

n——溶液中$CuSO_4$的物质的量，mol；

V——$CuSO_4$溶液的体积，mL。

三、仪器与试剂

1. 仪器

分析天平、托盘天平、温度计、保温杯（配聚苯乙烯泡沫塑料盖），250mL 容量瓶 1 个、50mL 移液管 1 支。实验装置如图 2-1 所示。

2. 试剂

$CuSO_4 \cdot 5H_2O$ 晶体、锌粉。

四、实验步骤

（1）用托盘天平称取 3g 锌粉。

（2）用分析天平称取配制 250mL 0.2mol·L^{-1} $CuSO_4$ 溶液所需的 $CuSO_4 \cdot 5H_2O$ 晶体的质量，用 250mL 容量瓶配制成溶液，并准确计算 $CuSO_4$ 溶液的浓度。

（3）用 50mL 移液管准确量取 100mL $CuSO_4$ 溶液，放入保温杯中，实验装置见图 2-1（a）[若无保温杯，可用外套泡沫塑料的烧杯，实验装置见图 2-1（b）]，在保温杯中插入温度计和外套塑料管的铁丝搅拌棒。

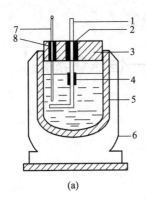 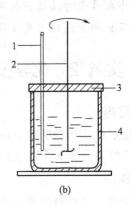

(a) 　　　　　　　　　　　　　　(b)

1—搅拌棒；2—玻璃管；3—硬泡沫塑料盖；
4，8—橡皮管；5—真空隔热层；6—保温杯；
7—温度计

1—温度计；2—搅拌棒
3—泡沫塑料板；4—泡沫塑料杯

图 2-1　反应热的测定装置

（4）用搅拌棒不断搅动溶液，每隔 20s 记录一次温度。

（5）在测定开始 2min 后迅速添加 3g 锌粉，同时不断搅动溶液，每隔 20s 记录一次温度。

（6）温度升高到最高点后再继续测定 2min。

五、数据记录与处理

1. 数据记录

时间/s	温度/℃

2. 数据处理

用坐标纸作温度-时间图，求得温度升高值 ΔT，并根据式(2-1) 计算反应热 Q_p。

 思考题

1. 如何在容量瓶中配制约 $0.2\text{mol} \cdot \text{L}^{-1}$ $CuSO_4$ 溶液？
2. 实验中所用锌粉为何只需用托盘天平称取？
3. 如何根据实验结果计算反应的热效应？

实验 3　恒温水浴的温度控制和性能测试

一、实验目的

（1）学会控制温度的基本方法，掌握恒温槽的使用技术。

（2）绘制恒温槽的灵敏度曲线，学会分析恒温槽的性能。

二、实验原理

许多物理化学数据的测定，都必须在恒温下进行。为了在测定时保持温度不变，常使用恒温槽，因为恒温槽可控制所需温度基本恒定。恒温槽的种类很多，实验室常用的是水浴恒温槽，它通过电子继电器自动调节，来实现恒温的目的。当恒温槽因向外散热而使体系温度低于设定值时，继电器迫使加热器工作，直至体系再次达到设定温度时，会自动停止加热。这样周而复始，就可以使体系温度在一定范围内保持恒定。

三、仪器

恒温槽一般由浴槽、加热器、搅拌器、温度计、感温元件、温度控制器等部分组成，现将各部件简述如下：

1. 浴槽

通常采用玻璃槽，以利于观察，其容积和形状视需要而定。物理化学实验一般采用 10L 圆形玻璃缸。浴槽内的液体一般采用蒸馏水，恒温超过 100℃ 时，可采用液体石蜡或甘油等。

2. 加热器

如果要求恒温的温度高于室温，则需不断向槽中供给热量，以补偿其向四周散失的热量，通常采用电加热器间歇加热来实现恒温控制。所采用的加热器要求热容量小，导热性好，功率适当。

3. 搅拌器

搅拌可使恒温槽内液体的温度较快地达到均匀一致。搅拌器由电动机带动，电动机的转速可以用变阻器调节。搅拌器的转速、安装位置对搅拌速度均有影响。

4. 温度计

常用分度值为 0.1℃ 的温度计观察温度。常用的测温仪器请参阅本书第三章中的仪器 1。

5. 感温元件

它是恒温槽的感温中枢，其作用是当恒温槽的温度被升高或降低到指定值时发出信号，命令执行机构停止加热或冷却；偏离指定温度时则发出信号，命令执行机构继续工作。感温元件的种类很多，如电接式水银温度计（见图 3-1）、热敏电阻感温元件等。

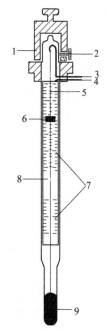

图 3-1　电接式水银温度计
1—磁铁；2—磁铁固定螺丝；
3—螺丝杆引出线；4—水银槽引出线；
5—螺丝杆；6—标铁；7—刻度线；
8—触针；9—水银球

6. 温度控制器

它是控制温度的执行机构，由控制电路和继电器组成，一般采用电子管继电器或晶体管继电器，如图 3-2 所示。

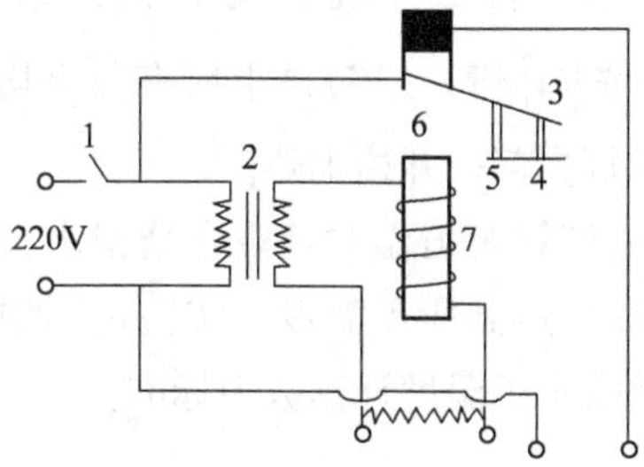

恒温槽的恒温效果，可用灵敏度来衡量。恒温槽的灵敏度是在指定温度下观察温度的波动情况。灵敏度除与感温元件、电子继电器有关，还与搅拌器的效率、加热器的功率等因素有关。用较灵敏的温度计，如贝克曼温度计或校正后的精密水银温度计，记录温度随时间的变化。

图 3-2　继电器示意图
1—开关；2—变压器；3—接触簧片；
4—具有铁芯的线圈；5—支架；
6—弹簧；7—高电阻

恒温槽的灵敏度也可用式(3-1)中的 t_F 表示：

$$t_F = \frac{t_{\max} - t_{\min}}{2} \tag{3-1}$$

式中　$t_{\max}$——最高温度；

　　　$t_{\min}$——最低温度。

普通水浴恒温槽的灵敏度范围为±0.01～±0.1℃。

四、实验步骤

1. 恒温槽的装配

如图 3-3 所示接好线路，在玻璃缸内加入约 3/4 容积的水。

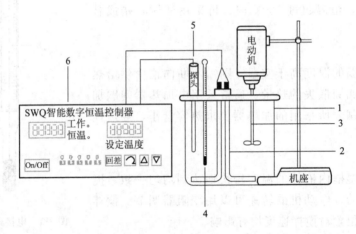

图 3-3　水浴恒温槽装置图

1—浴槽（玻璃缸）；2—加热器；3—搅拌器；4—精密水银温度计；5—感温元件；
6—恒温控制器及精密数字温度温差测量仪

2. 恒温槽的调节

(1) 按"回差"键，回差将依次显示 0.5→0.4→0.3→0.2→0.1。将回差设置为 0.1。

(2) 按 ⬆ 键，右侧 LED 屏上的第一位数字将闪烁，再按 △ 或 ▽ 键，LED 屏显示数值，将其调至所需值。继续按 ⬆ 键，右边 LED 屏上的第二位数字将闪烁，按 △ 或 ▽ 键，调至所需值，依此类推进行调节，直至达到温度设定值，按 ⬆ 键，LED 屏上所有数字均不闪烁，此时 LED 屏上的显示值即为所设定的温度值。工作指示灯亮起，开始加热。

(3) 设定温度应比实际所需温度低 1～2℃，当仪器上指示灯跳至恒温时，观察精密水银温度计上的读数，如果达不到所需温度，以 0.1℃ 的速率升温，直至达到所需温度。实验过程中水浴的实际温度勿以 LED 屏上的显示值为标准，应以校准后的精密水银温度计读数为标准。

3. 恒温槽灵敏度的测定

将恒温槽调节至实验温度（25℃，30℃）恒温后，每隔 2min 记录一次精密水银温度计的读数，每个温度约测定 30min。以时间为横坐标，温度为纵坐标绘制成温度-时间曲线，如图 3-4 所示。图 3-4(a) 表示恒温槽灵敏度较高；(b) 表示灵敏度较差；(c) 表示加热器功率偏大；(d) 表示加热器功率偏小或散热较快。

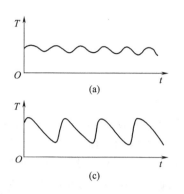
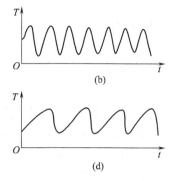

图 3-4　温度-时间曲线（灵敏度曲线）

五、数据记录与处理

1. 实验记录

将恒温槽温度随时间的变化填入下表。

恒温（25℃）				恒温（30℃）			
时间/min	温度/℃	时间/min	温度/℃	时间/min	温度/℃	时间/min	温度/℃

2. 数据处理

以时间为横坐标，温度为纵坐标，绘制出温度-时间曲线，并由温度-时间曲线计算出恒温槽的灵敏度 t_F，并对不同温度下的恒温效果作出评价。

1. 恒温槽由哪些部件组成？
2. 怎样使用恒温槽？

设计性实验

实验4　煤的热值及硫含量的测定

一、实验设计要求

在掌握氧弹式量热计测定可燃物燃烧热的原理和实验方法的基础上，设计合理的实验方案，测量煤的热值；将燃烧产物吸收，用化学分析法进行硫含量的测定。

二、仪器与试剂

1. 仪器

SHR-15B 燃烧热实验装置、氧气钢瓶。

2. 试剂

苯甲酸、煤、过氧化氢。

三、实验设计提示

用氧弹式量热计测煤的热值时，在氧弹中加入一定量的 3% 过氧化氢溶液，用以吸收硫燃烧后生成的氧化物。煤在氧弹中燃烧完全后，将弹筒内的气体吸收液全部移入 500 mL 烧杯中，再用洗瓶冲洗氧弹内部各部分，将全部冲洗液也一同倒入烧杯中，加热沸腾几分钟，让过氧化氢基本分解。冷却后，用化学分析法进行测定，从而计算出煤中全硫含量。

实验 5　苯共振能的测定

一、实验设计要求

在掌握氧弹式量热计测定液态可燃物燃烧热的原理和实验方法的基础上，明确共振能的概念，设计合理的实验方案，测量苯的共振能。

二、仪器与试剂

1. 仪器

SHR-15B 燃烧热实验装置、氧气钢瓶。

2. 试剂

苯甲酸、苯、环己烷、环己烯。

三、实验设计提示

物质燃烧热的测定，除了有实际应用价值外，还可以用于求算化合物的生成热、键能等。

$$\bigcirc \longrightarrow \bigcirc + H_2$$

该反应的焓变（$\Delta_r H_{m,1}$）与各物质中的键能（ε）的关系如下：

$$\Delta_r H_{m,1} = 6\varepsilon_{C-C} + 12\varepsilon_{C-H} - (5\varepsilon_{C-C} + \varepsilon_{C=C} + 10\varepsilon_{C-H} + \varepsilon_{H-H}) \tag{5-1}$$

且

$$\Delta_r H_{m,1} = \Delta_c H_{m,\text{环己烷}} - \Delta_c H_{m,\text{环己烯}} - \Delta_c H_{m,H_2} \tag{5-2}$$

同样：

$$\bigcirc \longrightarrow \bigcirc + 3H_2$$

$$\Delta_r H_{m,2} = 6\varepsilon_{C-C} + 12\varepsilon_{C-H} - (3\varepsilon_{C-C} + 3\varepsilon_{C=C} + 6\varepsilon_{C-H} + 3\varepsilon_{H-H} + E) \tag{5-3}$$

式中，E 为苯分子共轭结构形成离域大 π 键的共振能，同时

$$\Delta_r H_{m,2} = \Delta_c H_{m,\text{环己烷}} - \Delta_c H_{m,\text{苯}} - 3\Delta_c H_{m,H_2} \tag{5-4}$$

3×式(5-1)−式(5-3)，得

$$E = 3\Delta_r H_{m,1} - \Delta_r H_{m,2} \tag{5-5}$$

将式(5-2)、式(5-4) 代入式(5-5)，整理得苯的共振能：

$$E = 2\Delta_c H_{m,\text{环己烷}} - 3\Delta_c H_{m,\text{环己烯}} + \Delta_c H_{m,\text{苯}} \tag{5-6}$$

故测出苯、环己烷、环己烯的燃烧热，即可算得苯的共振能。

实验 6　固体酒精的制备及燃烧热的测定

一、实验设计要求

在掌握氧弹式量热计测定可燃物燃烧热的原理和实验方法的基础上，设计合理的实验方案，制备固体酒精，并测其燃烧热。

二、仪器与试剂

1. 仪器

SHR-15B 燃烧热实验装置、氧气钢瓶、三口烧瓶、回流冷凝管、电动搅拌器、电热恒温水浴锅。

2. 试剂

苯甲酸、硬脂酸、工业酒精、8% NaOH 溶液、10% $Cu(NO_3)_2$ 溶液、酚酞指示剂。

三、实验设计提示

硬脂酸与 NaOH 溶液混合后发生下列反应：

$$CH_3(CH_2)_{16}COOH + NaOH \longrightarrow CH_3(CH_2)_{16}COONa + H_2O$$

反应生成的硬脂酸钠是一个长碳链的极性分子，室温下在酒精中不易溶解，但在较高温度下可以均匀地分散在液体酒精中，冷却后便形成凝胶体系，使酒精分子束缚于相互连接的大分子之间，呈不流动状态而使酒精凝固，形成固体酒精。

实验中先将硬脂酸溶解在酒精中，水浴加热、搅拌、回流至完全溶解，再滴加 NaOH 溶液至酚酞指示剂刚显浅红色为止。然后加入 10% $Cu(NO_3)_2$ 溶液，继续回流数分钟，停止加热，冷却至 60℃，将溶液倒入模具中，自然冷却后得有色的固体酒精，测其燃烧热。

实验 7　食品热值的测定

一、实验设计要求

在掌握氧弹式量热计测定可燃物燃烧热的原理和实验方法的基础上，设计合理的实验方案，测量食品的热值。所测食品可以为：巧克力、薯片、牛奶、米、面、鱼、肉等，在食品和生物学中，热值是计算营养成分的一个重要指标，据此指导营养滋补品的合理配方。

二、仪器与试剂

1. 仪器

SHR-15B 燃烧热实验装置、氧气钢瓶、压片机。

2. 试剂

苯甲酸、自选食品。

三、实验设计提示

测量时粉末状的物质需压片，液体状的物质一般需将其密封在药用胶囊中或附着在棉花、滤纸上，计算时需扣除附着物的热值；需考虑燃烧丝的放置位置；计算结果采用 $J \cdot g^{-1}$ 为单位。

溶液热力学

基础实验

实验 8　凝固点降低法测定摩尔质量

一、实验目的
(1) 掌握凝固点降低法测定蔗糖的摩尔质量的原理，绘出溶液的冷却曲线。
(2) 学习测定溶液凝固点的方法。
(3) 掌握 SWC-Ⅱ数字贝克曼温度计的使用方法。

二、实验原理

凝固点的变化直接反映了溶液中溶质有效质点数目的变化。由于溶质在溶液中有解离、络合、溶剂化和络合物生成等情况，这些均影响溶质在溶剂中的表观分子量。因此，凝固点降低法可用来研究溶液的一些性质，例如，电解质解离度、溶质的络合度、活度和活度系数等。

溶液的凝固点低于纯溶剂的凝固点，凝固点的降低值与溶液浓度关系的公式为：

$$T_f^* - T_f = \Delta T_f = \left[\frac{R(T_f^*)^2 M_A}{\Delta_{fus} H_{m,A}^{\ominus}}\right] b_B \tag{8-1}$$

式中　T_f^*——溶剂的凝固点；
　　　T_f——溶液的凝固点；
　　　ΔT_f——凝固点降低值；
　　　b_B——溶液的质量摩尔浓度；
　　　M_A——溶剂的摩尔质量；
　　　$\Delta_{fus} H_{m,A}^{\ominus}$——溶剂的摩尔熔化热；
　　　R——摩尔气体常数。

式(8-1) 中，中括号里的各项是与溶剂有关而与温度无关的量，则可将其改写成：

$$\Delta T_f = K_f b_B \tag{8-2}$$

式中，K_f 称为凝固点降低系数，不同的溶剂具有不同的数值，水的 $K_f = 1.86 \text{K} \cdot \text{kg} \cdot \text{mol}^{-1}$，苯的 $K_f = 5.12 \text{K} \cdot \text{kg} \cdot \text{mol}^{-1}$。若称取一定质量的溶质 ($m_B$) 和溶剂 ($m_A$) 配成一稀溶液，则此溶液的质量摩尔浓度 b_B 为：

$$b_B = \frac{m_B/M_B}{m_A} \quad (\text{mol} \cdot \text{kg}^{-1}) \tag{8-3}$$

式中　M_B——溶质的摩尔质量；
　　　m_B——溶质的质量；
　　　m_A——溶剂的质量，$m_A = \rho V$（ρ 为室温下溶剂的密度，V 为溶剂的体积）。

若已知溶剂的 K_f，则可测定此溶液凝固点的降低值，从而可按式(8-4)计算出溶质的摩尔质量。

$$M_B = \frac{K_f m_B}{\Delta T_f m_A} = \frac{K_f m_B}{(T_f^* - T_f) m_A} \quad (\text{kg} \cdot \text{mol}^{-1}) \tag{8-4}$$

通常测定凝固点的方法是将已知浓度的溶液逐渐冷却成过冷溶液，然后促使溶液结晶；当晶体生成时，放出的凝固热使体系温度回升，当放热与散热达成平衡时，温度不再改变，此固液两相达成平衡的温度，即为溶液的凝固点。本实验要测纯溶剂和溶液的凝固点之差。对纯溶剂来说，只要固液两相平衡共存，同时体系的温度均匀，理论上各次测定的凝固点应该一致。但实际上会有起伏，因为体系温度可能会不均匀，尤其是过冷程度不同，析出晶体多少不一致时，回升温度不易相同。对溶液来说，除温度外，尚有溶液的浓度问题。与凝固点相应的溶液浓度，应该是平衡浓度。但因析出溶剂晶体的量无法精确得到，故平衡浓度难以直接测定。由于溶剂较多，若控制过冷程度，使析出的晶体很少，以起始浓度代替平衡浓度，一般不会产生太大误差。所以要使实验做得准确，读凝固点温度时，一定要有固相析出，达到固液平衡，但析出量越少越好。因为根据相图，二元溶液冷却时其一组分析出后，溶液成分沿液相线改变，凝固点不断降低。由于过冷现象存在，当晶体一旦大量析出，放出凝固热会使温度回升，但回升的最高温度，不是原浓度溶液的凝固点。严格而论，应测出溶液的冷却曲线，并按图8-1(b)所示方法外推至T_f，加以校正。对一般纯溶剂的冷凝情况，可参看图8-1(a)的冷却曲线。

溶液的冷却曲线与纯溶剂不同，由于析出的溶剂固体增多，剩余溶液越来越浓，凝固点降得越低，因此，

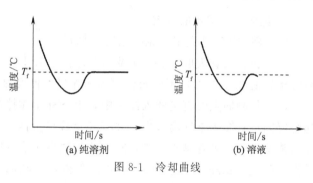

图8-1 冷却曲线

所析出的溶剂固相的量越少越好，否则会影响原溶液的浓度。原溶液浓度是已知的，在冷却过程中，如稍有过冷现象是合乎要求的，但若过冷程度太高，则所测凝固点将偏低，影响实验结果，因此实验中要控制好过冷程度（最好为0.2~0.3℃）。

注意：本实验是测稀溶液的凝固点，在冷却过程中，当固体析出后，其剩余溶液的浓度变化不明显，故溶液的冷却曲线与纯溶剂的冷却曲线很相似，因而确定凝固点的方法与纯溶剂的一样。本实验以蒸馏水为溶剂测蔗糖的摩尔质量。

三、仪器与试剂

1. 仪器

凝固点管一套（凝固点管1支、套管1支）、贝克曼温度计、移液管、搅拌器、塞子、电子天平及秒表。

2. 试剂

蔗糖（A.R.）、食盐、冰块、蒸馏水。

四、实验步骤

1. 实验准备

（1）将所有仪器洗净烘干，待用。

（2）在冰槽中放入适量的食盐水溶液和碎冰块，并保持冰槽温度在0℃以下。

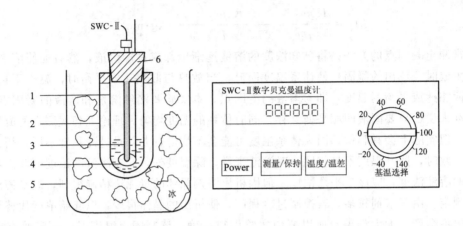

图 8-2 仪器装置
1—凝固点管；2—空气套管；3—温度探头；4—搅拌器；5—冰槽；6—塞子

2. 纯溶剂凝固点的测定

（1）将 SWC-Ⅱ数字贝克曼温度计打开。

（2）用移液管吸取 25mL 蒸馏水于凝固点管中，安装探头、搅拌器和塞子（注意：探头应高于管底 2cm 左右，不应与任何固体相碰，但要保证探头浸到溶液中）。

（3）将凝固点管直接插入冰浴中，上下移动搅拌器，当蒸馏水冷却至 1.0℃左右时，迅速将凝固点管套入空气套管中，并将外套管尽量插入冰浴（图 8-2），但不能让水浸到管中，以防渗水入管（外管是空气管，有助于消除由于溶液冷却过快造成的误差）。继续均匀搅拌，并按下秒表，每隔 15s 记下时间和相应的温度。至温度回升到一定程度，且持续 1min 保持不变，则可停止实验，此时温度即为蒸馏水的凝固点。取出凝固点管用手温热，使管中固体全部熔化。

（4）重复步骤（3），共三次。三次测得的 T_f^* 值相差不得超过±0.01℃。

（5）将三次测得的值取平均值，作为溶剂即蒸馏水的凝固点。

3. 溶液凝固点的测定

（1）取蔗糖一片（1g 左右）放在称量纸上，用电子天平精确称量。

（2）将精确称量的蔗糖片投入水中，待完全溶解后，按测定纯溶剂凝固点的方法测量蔗糖溶液的凝固点。注意：在测定过程中，析出的晶体要尽可能少。

（3）共测定三次，三次测得的 T_f 值相差不得超过±0.01℃。

（4）将三次测得的值取平均值，作为蔗糖溶液的凝固点。

4. 注意事项

（1）冰要敲碎，冰槽上下都要有冰，并加适量的食盐和水。

（2）测定溶液凝固点时，水不能倒掉，直接往里面加蔗糖，蔗糖要准确称量。

（3）搅拌要均匀，保持适当过冷，搅拌器不能与温度探头发生摩擦。

（4）重复测量时，一定要待固体全部熔化后才能继续进行。

（5）如不用外推法求溶液的凝固点，则 ΔT_f 一般都会偏高。

（6）高温高湿季节不宜做此实验，因水蒸气易进入体系中，从而造成测量结果偏低。

五、数据记录与处理

1. 实验记录

（1）溶剂（蒸馏水）的三次测定数据：

时间/s	温度/℃		
	第一次	第二次	第三次
15			
30			
45			
60			
⋮			
$\overline{T_f^*}$/℃			

（2）溶液的三次测定数据：

时间/s	温度/℃		
	第一次	第二次	第三次
15			
30			
45			
60			
⋮			
$\overline{T_f^*}$/℃			

2. 数据处理

（1）计算凝固点降低值：

$$\Delta T_f = \overline{T_f^*} - \overline{T_f}$$

（2）计算蔗糖的摩尔质量（蒸馏水的 $K_f = 1.86 \text{K·kg·mol}^{-1}$）：

$$M_{\text{蔗糖}} = M_B = \frac{K_f m_B}{\Delta T_f m_A}$$

（3）计算实验值与理论值的误差（蔗糖的摩尔质量为 $342.5 \times 10^{-3} \text{kg·mol}^{-1}$）。

（4）任取一组数据，分别画出蒸馏水和蔗糖溶液的冷却曲线。

思考题

1. 什么是物质的凝固点？SWC-Ⅱ数字贝克曼温度计所指示的温度是否就是物质的真实凝固点？
2. 根据什么原则考虑加入溶质的量，本实验溶质的量太多或太少对实验有何影响？
3. 为什么会产生过冷现象？没有过冷或过冷程度过高对实验有何影响？
4. 当溶质在溶液中发生离解或络合时，对摩尔质量测定值有何影响？
5. 估算由于加入晶种而引起的系统误差。

6. 本实验的搅拌速度如何控制？太快或太慢有何影响？
7. 请估算由于采用稀溶液的近似公式而引入的系统误差是多少？

设计性实验

实验9　非电解质稀溶液中溶剂活度系数的测定——凝固点降低法

一、实验设计要求

在掌握稀溶液依数性理论的基础上，设计合理的实验方案，用凝固点降低法测定非电解质稀溶液中溶剂的活度和活度系数。

二、仪器与试剂

1. 仪器

凝固点管一套、贝克曼温度计、分析天平。

2. 试剂

自选溶质、溶剂（环己烷或苯）。

三、实验设计提示

在凝固点降低公式的推导过程中，对稀溶液或理想液态混合物，有：

$$\ln x_A = \frac{\Delta_{fus} H_{m,A}^*}{R}\left(\frac{1}{T_f^*} - \frac{1}{T_f}\right) \tag{9-1}$$

对于任意的溶液，ΔT_f 不大时：

$$\ln a_A = \frac{\Delta_{fus} H_{m,A}^*}{R}\left(\frac{1}{T_f^*} - \frac{1}{T_f}\right) = -\frac{\Delta_{fus} H_{m,A}^*}{R(T_f^*)^2}\Delta T_f \tag{9-2}$$

式中，$\Delta_{fus} H_{m,A}^*$ 为纯溶剂 A 的标准摩尔熔化焓；T_f^*、T_f 分别为纯溶剂、溶液的凝固点，$\Delta T_f = T_f^* - T_f$，由实验测定凝固点降低值 ΔT_f，可求得该浓度下溶剂的活度 a_A，然后根据 $a_A = \gamma_A x_A$，即可求得溶剂的活度系数 γ_A。

实验10　摩尔质量的测定——沸点升高法

一、实验设计要求

在掌握稀溶液依数性理论的基础上，设计合理的实验方案，用沸点升高法测定溶质的摩尔质量。

二、仪器与试剂

1. 仪器

沸点仪、分析天平、温度温差仪。

2. 试剂

苯甲酸（或蔗糖）、丙酮（或蒸馏水）。

三、实验设计提示

稀溶液的沸点升高值与溶液浓度关系的公式为：

$$T_b - T_b^* = \Delta T_b = \left[\frac{R(T_b^*)^2 M_A}{\Delta_{vap} H_{m,A}^*}\right] b_B = K_b b_B \tag{10-1}$$

式中，$\Delta_{vap} H_{m,A}^*$ 为纯溶剂 A 的标准摩尔蒸发焓；T_b^*、T_b 分别为纯溶剂、溶液的沸点，$\Delta T_b = T_b - T_b^*$，由实验测定沸点升高值 ΔT_b，K_b 为溶剂的沸点升高常数，对给定溶剂，K_b 是个定值。

若称取一定量的溶质（m_B）和溶剂（m_A）配成稀溶液，则此溶液的质量摩尔浓度 b_B 为：

$$b_B = \frac{m_B/M_B}{m_A} (\text{mol}\cdot\text{kg}^{-1}) \tag{10-2}$$

式(10-2) 中 M_B 为溶质的摩尔质量，对比式(10-1)，可得 M_B。

实验 11　萘在硫酸铵水溶液中活度系数的测定——分光光度法

一、实验设计要求

在掌握紫外可见分光光度计的原理和使用方法的基础上，设计合理的实验方案，用分光光度法测出萘在硫酸铵水溶液中的活度系数，并求出盐析常数。

二、仪器与试剂

1. 仪器

紫外可见分光光度计、容量瓶、移液管。

2. 试剂

萘（A.R.）、硫酸铵（A.R.）。

三、实验设计提示

根据 Setschenon 盐效应经验公式：

$$\lg \frac{c_0}{c} = Kc_s \tag{11-1}$$

式中，c_0、c 分别为萘在纯水、盐水中的浓度；K 为盐析常数；c_s 为盐的浓度。

当纯的萘在纯水以及盐溶液中形成饱和溶液达到平衡时，其化学势是相等的，故：

$$\gamma c = \gamma_0 c_0 \tag{11-2}$$

式中，γ、γ_0 分别为萘在盐溶液和纯水中的活度系数（$\gamma_0 = 1$）。

据朗伯-比耳定律：

$$A = \varepsilon c l \tag{11-3}$$

萘的水溶液及其盐水溶液均符合朗伯-比耳定律，则：

$$\lg \frac{\gamma}{\gamma_0} = \lg \frac{c_0}{c} = \lg \frac{A_0}{A} = Kc_s \tag{11-4}$$

即

$$\lg \gamma = \lg \frac{A_0}{A} \tag{11-5}$$

实验 12　醋酸在水中解离常数的测定——凝固点降低法

一、实验设计要求

在掌握稀溶液依数性的理论基础上，设计合理的实验方案，用凝固点降低法测定醋酸在水中的解离常数。

二、仪器与试剂

1. 仪器

凝固点管一套、贝克曼温度计、分析天平。

2. 试剂

醋酸。

三、实验设计提示

对理想稀溶液，$\Delta T_f = T_f^* - T_f = K_f b_B$，由实验测定凝固点降低值 ΔT_f，K_f 为溶剂的凝固点降低常数，水的 $K_f = 1.86 \text{K} \cdot \text{kg} \cdot \text{mol}^{-1}$，可得到 b_B。

实验中称取一定量的溶质（m_B）和溶剂（m_A）配成稀溶液，则此溶液的质量摩尔浓度 b_B' 为：

$$b_B' = \frac{m_B/M_B}{m_A} \text{ (mol} \cdot \text{kg}^{-1}) \tag{12-1}$$

式中，b_B、b_B' 两者有差异是因为醋酸的电离，故醋酸溶液中溶质的质点数为电离得到的 Ac^-、H^+ 以及未电离的 HAc 分子，求出这三者，即可得醋酸的解离常数 K_a。

$$K_a = \frac{(c_{H^+}/c^{\ominus}) \cdot (c_{Ac^-}/c^{\ominus})}{c_{HAc}/c^{\ominus}} \tag{12-2}$$

对稀溶液而言，$c_B \approx b_B$。

实验 13　苯甲酸在苯中缔合度的测定——凝固点降低法

一、实验设计要求

在掌握稀溶液依数性的理论基础上，设计合理的实验方案，用凝固点降低法测定苯甲酸在苯中的缔合度。

二、仪器与试剂

1. 仪器

凝固点管一套、贝克曼温度计、分析天平。

2. 试剂

苯甲酸、苯。

三、实验设计提示

对理想稀溶液，$\Delta T_f = T_f^* - T_f = K_f b_B$，由实验测定凝固点降低值 ΔT_f，K_f 为溶剂的凝固点降低常数，苯的 $K_f = 5.12 \text{K} \cdot \text{kg} \cdot \text{mol}^{-1}$，可得到 b_B。

实验中称取一定量的溶质（m_B）和溶剂（m_A）配成稀溶液，则此溶液的质量摩尔浓度 b_B' 为：

$$b_B' = \frac{m_B/M_B}{m_A} \text{ (mol} \cdot \text{kg}^{-1})$$

式中，b_B、b_B' 两者有差异是因为苯甲酸在苯中会缔合，从而得到缔合度。

实验 14　氯化钠注射液渗透压的测定——凝固点降低法

一、实验设计要求

在掌握稀溶液依数性的理论基础上，设计合理的实验方案，用凝固点降低法测定氯化钠注射液的渗透压。

二、仪器与试剂

1. 仪器

凝固点管一套、贝克曼温度计、分析天平。

2. 试剂

氯化钠。

三、实验设计提示

渗透压在生物体内极为重要，它是调节生物细胞内外水分及可渗透溶质的一个重要因素，在养分分布和运输方面也起着重要作用。对人体静脉注射时，注射液必须与血液等渗。理想溶液的渗透压可以通过计算得出，在生理范围及很稀的溶液中，渗透压与理想的计算值偏差很小。一般采用凝固点降低法测定渗透压，此法具有简单、快速、结果准确等特点。

对理想稀溶液，$\Delta T_f = T_f^* - T_f = K_f b_B$，由实验测定凝固点降低值 ΔT_f，K_f 为溶剂的凝固点降低常数，给定溶剂 K_f 是个定值。

稀溶液的渗透压 $\pi = c_B RT$

式中，c_B 为溶质 B 的体积摩尔浓度，对稀溶液而言，$c_B \approx b_B$。

$$\pi = \frac{RT}{K_f} \Delta T_f \tag{14-1}$$

化学平衡

基础实验

实验 15　液相反应平衡常数的测定——分光光度法

一、实验目的

（1）利用分光光度法测定低浓度下铁离子与 SCN^- 生成硫氰合铁离子液相反应平衡常数；学习一种液相反应平衡常数的测定方法。

（2）通过实验了解平衡常数的数值不因反应物起始浓度不同而发生变化。

二、实验原理

Fe^{3+} 与 SCN^- 在溶液中可生成一系列配离子，并共同存在于一个平衡体系中，但当 Fe^{3+} 与 SCN^- 浓度很低时，只有如下反应：

$$Fe^{3+} + SCN^- \rightleftharpoons Fe(SCN)^{2+} \tag{15-1}$$

即控制反应仅仅生成最简单的 $Fe(SCN)^{2+}$ 配离子，其平衡常数表示为

$$K_c = \frac{[Fe(SCN)^{2+}]}{[Fe^{3+}][SCN^-]} \tag{15-2}$$

通过实验和计算可知，同一温度下，改变 Fe^{3+}（或 SCN^-）浓度时，溶液的颜色改变，平衡发生移动，但平衡常数 K_c 保持不变。

另外，根据朗伯-比耳定律可知，吸光度与溶液浓度成正比。因此，借助于分光光度计测定其吸光度，从而计算出平衡时 $Fe(SCN)^{2+}$ 的浓度及 Fe^{3+} 和 SCN^- 的浓度，进而求出该反应的平衡常数 K_c。

三、仪器与试剂

1. 仪器

722 型分光光度计、小烧杯（50mL）、移液管（5mL、10mL、15mL）。

2. 试剂

4.0×10^{-4} mol·L^{-1} NH$_4$SCN；1.0×10^{-1} mol·L^{-1}、4.0×10^{-2} mol·L^{-1} 的 FeCl$_3$ 溶液。

四、实验内容

（1）不同浓度试样的配制

取 4 个 50mL 烧杯分别编号。用移液管向烧杯中各注入 5mL 4.0×10^{-4} mol·L^{-1} NH$_4$SCN 溶液。另取四种不同浓度的 FeCl$_3$ 溶液各 5mL 分别注入各个烧杯，使体系中 SCN$^-$ 的初始浓度与 Fe^{3+} 的初始浓度达到下表所示的数值。

烧杯号	1	2	3	4
[SCN$^-$]/mol·L^{-1}	2.0×10^{-4}	2.0×10^{-4}	2.0×10^{-4}	2.0×10^{-4}
[Fe^{3+}]/mol·L^{-1}	5.0×10^{-2}	2.0×10^{-2}	8.0×10^{-3}	3.2×10^{-3}

为此，可以按照以下步骤配制不同浓度的 Fe^{3+} 溶液：

在 1 号烧杯中直接注入 5mL 1.0×10^{-1} mol·L^{-1} 的 Fe^{3+} 溶液；在 2 号烧杯中直接注入 5mL 4.0×10^{-2} mol·L^{-1} 的 Fe^{3+} 溶液；取 50mL 烧杯一个，注入 10mL 14.0×10^{-2} mol·L^{-1} 的 Fe^{3+} 溶液，然后加纯水 15mL 稀释，取此稀溶液（即 Fe^{3+} 浓度为 1.6×10^{-2} mol·L^{-1}）5mL 加到 3 号烧杯中，另取稀释液（即 Fe^{3+} 浓度为 1.6×10^{-2} mol·L^{-1}）10mL 加到另一个 50mL 烧杯中，再加纯水 15mL，配制成浓度为 6.4×10^{-3} mol·L^{-1} 的 Fe^{3+} 溶液，取此溶液 5mL 加到 4 号烧杯中。

（2）分光光度计的调节与溶液吸光度的测定

722 型分光光度计的调节参阅第三章仪器 7，在波长 475nm 处分别测定烧杯中各溶液的吸光度。

五、数据处理和实验结果

将测得的数据列表，并计算平衡常数 K_c 值。

室温 _____ ℃；大气压 _____ Pa

烧杯编号	[Fe^{3+}]$_0$	[SCN$^-$]$_0$	吸光度	[Fe(SCN)$^{2+}$]$_P$	[Fe^{3+}]$_P$	[SCN$^-$]$_P$	K_c
1							
2							
3							
4							

表中数据按下列方法计算：

（1）对 1 号烧杯，Fe^{3+} 与 SCN$^-$ 反应达平衡时，可认为 SCN$^-$ 全部消耗掉，则平衡时 Fe(SCN)$^{2+}$ 的浓度 [Fe(SCN)$^{2+}$]$_{P(1)}$ 即反应开始时的 SCN$^-$ 的浓度 [SCN$^-$]$_0$，即有：

$$[Fe(SCN)^{2+}]_{P(1)} = [SCN^-]_0 \tag{15-3}$$

（2）以 1 号溶液的吸光度为基准，则对应 2、3、4 号溶液的吸光度可求出各吸光度比，而 2、3、4 溶液中各离子的平衡浓度 [Fe(SCN)$^{2+}$]$_P$、[Fe^{3+}]$_P$ 和 [SCN$^-$]$_P$ 可分别按下式求得：

$$[Fe(SCN)^{2+}]_P = 吸光度比 \times [Fe(SCN)^{2+}]_{P(1)}$$
$$= 吸光度比 \times [SCN^-]_0 \tag{15-4}$$
$$[Fe^{3+}]_P = [Fe^{3+}]_0 - [Fe(SCN)^{2+}]_P \tag{15-5}$$
$$[SCN^-]_P = [SCN^-]_0 - [Fe(SCN)^{2+}]_P \tag{15-6}$$

思考题

1. 如 Fe^{3+}、SCN^- 浓度较大时,则不能按公式
$$K_c = \frac{[Fe(SCN)^{2+}]}{[Fe^{3+}][SCN^-]}$$
来计算 K_c 值,为什么?

2. 为什么可用 $[Fe(SCN)^{2+}]_P = 吸光度 \times [SCN^-]$ 来计算 $[Fe(SCN)^{2+}]_P$ 呢?

扩展实验

测定温度 T 对反应 $Fe^{3+} + SCN^- \rightleftharpoons Fe(SCN)^{2+}$ 平衡常数 K_c 的影响。

实验 16 化学反应平衡常数的测定——电动势法

一、实验目的

(1) 掌握电动势法测定化学反应的平衡常数的原理。
(2) 掌握对消法测定电池电动势的原理及电位差计的使用。

二、实验原理

采用电动势法测平衡常数,关键在于设计一个电池,使其中发生待测的化学反应。本实验求下述反应的平衡常数。

$$H_2Q + 2Ag^+ \rightleftharpoons Q + 2Ag + 2H^+$$

式中,H_2Q 表示氢醌,即对苯二酚 $C_6H_4(OH)_2$;Q 表示醌 $C_6H_4O_2$。上面反应可设计成如下电池:

$$Pt(s) | 醌氢醌, 0.1 mol \cdot L^{-1} HNO_3 \| \begin{matrix} 0.001 mol \cdot L^{-1} AgNO_3 \\ 0.1 mol \cdot L^{-1} HNO_3 \end{matrix} | Ag(s)$$

$$0.1 mol \cdot L^{-1} HNO_3 \ 盐桥$$

在两极上进行下列两个反应:

阳极反应 $\quad H_2Q \rightleftharpoons Q + 2H^+ + 2e^-$

阴极反应 $\quad 2Ag^+ + 2e^- \rightleftharpoons 2Ag$

电池反应 $\quad H_2Q + 2Ag^+ \rightleftharpoons Q + 2H^+ + 2Ag$

电池电动势 $\quad E = E^\ominus - \dfrac{RT}{2F} \ln \dfrac{a_{H^+}^2 a_Q}{a_{Ag^+}^2 a_{H_2Q}} \tag{16-1}$

$$E^\ominus = -\dfrac{RT}{2F} \ln K^\ominus \tag{16-2}$$

式中,$K^\ominus$ 即为该电池反应的标准平衡常数。

可见,只要测出电池电动势 E 及电池中各物质活度 a_{H^+}、a_{Ag^+}、a_{H_2Q}、a_Q,就可以求出 $E^\ominus$,进一步算出平衡常数 $K^\ominus$。

$H_2Q \cdot Q$ 为醌与氢醌的等分子化合物,在水溶液中依下式部分解离:

$$C_6H_4O_2 \cdot C_6H_4(OH)_2 \rightleftharpoons C_6H_4O_2 + C_6H_4(OH)_2$$

在酸性溶液中,氢醌的解离度极小,因此醌与氢醌的活度可以认为相同,即 $a_Q = a_{H_2Q}$。又因为在两半电池中的溶液离子强度近似相等。而 H^+ 和 Ag^+ 的价态一样,故可近似地认为这两个离子的活度系数相同,因此上式可化为

$$E = E^\ominus - \frac{RT}{F}\ln\frac{c_{H^+}}{c_{Ag^+}} \tag{16-3}$$

故只要知道电池中 H^+ 和 Ag^+ 的浓度,并测得电池的电动势 E,就能求出此反应的平衡常数(醌氢醌电极制作简便,不易"受毒",但不能用在碱性溶液中,pH 超过 8.5,氢醌易被氧化。在高浓盐溶液中,醌氢醌电极可能产生不准确的 pH 值,因为对苯二酚和醌的盐析效应不同,使这两物质在溶液中有不同的浓度)。

三、仪器与试剂

1. 仪器

直流电源、电阻箱、毫安表、Ag 电极、Pt 电极、半电池管。

2. 试剂

盐桥(HNO_3 溶液)、醌氢醌、硝酸溶液(约 $0.1\,mol \cdot L^{-1}$)。

四、实验步骤

1. 银丝处理

以银丝作为阳极(银丝纯度为 99.98%,并预先在 400℃左右退火 30min),Pt 作为阴极,置于 $0.1\,mol \cdot L^{-1}$ HNO_3 溶液中进行电解。用电阻箱调节电流,维持电流强度 $I = 2\,mA$ 几分钟后取出,用水洗净即可。

直流电源可采用 2V 的蓄电池或直流稳压电源,电流大小用毫安表测量。

2. 制备下列电极

(1) 醌氢醌电极的制备:取一半电池管,洗净。加入少量醌氢醌(0.1g 即已足够,因醌氢醌在水中溶解度很小,约 $1.1\,mol \cdot L^{-1}$),然后插入一铂电极,加入已知准确浓度的硝酸溶液(约 $0.1\,mol \cdot L^{-1}$),摇动数分钟。

(2) $Ag|Ag^+$ 电极的制备:取一半电池管,插入已处理好的银丝,加入已知准确浓度(约为 $0.001\,mol \cdot L^{-1}$)的 $AgNO_3$ 的硝酸溶液,硝酸浓度与醌氢醌电极中一样。

(3) 以上述 HNO_3 溶液为盐桥组成电池,测电池电动势(电动势的测定请参阅实验 29)。

五、数据处理

1. 将电池电动势 E、c_{H^+} 和 c_{Ag^+},代入式(16-3)求出 $E^\ominus$。

2. 根据 $E^\ominus$ 及式(16-2)算出所求反应的标准平衡常数 $K^\ominus$,并与文献值比较。

设计性实验

实验 17 醋酸在水中解离常数的测定——pH 法

一、实验设计要求

在掌握酸碱平衡相关知识及酸度计使用方法的基础上,设计合理的实验方案,测定醋酸

在水中的解离度。

二、仪器与试剂

1. 仪器

pHS-2C 型酸度计、容量瓶（50mL）、烧杯（50mL）、移液管（25mL）、吸量管（5mL）、洗耳球。

2. 试剂

HAc（0.1mol·L^{-1}）、碎滤纸。

三、实验设计提示

醋酸（CH_3COOH，简写为 HAc）是一元弱酸，在水溶液中存在如下解离平衡：

$$HAc(aq) + H_2O \rightleftharpoons H_3O^+(aq) + Ac^-(aq)$$

其解离常数的表达式为

$$K_a^{\ominus}(HAc) = \frac{[c(H_3O^+)/c^{\ominus}][c(Ac^-)/c^{\ominus}]}{c(HAc)/c^{\ominus}} \tag{17-1}$$

若弱酸 HAc 的初始浓度为 c_0（mol·L^{-1}），并且忽略水的解离，则平衡时：

$$c(HAc) = c_0 - x \tag{17-2}$$

$$c(H_3O^+) = c(Ac^-) = x \tag{17-3}$$

$$K_a^{\ominus}(HAc) = \frac{x^2}{(c_0 - x)c^{\ominus}} \tag{17-4}$$

在一定温度下，用 pH 计测定一系列已知浓度的弱酸溶液的 pH。根据：

$$pH = -\lg\left[\frac{c(H_3O^+)}{c^{\ominus}}\right] \tag{17-5}$$

求出 $c(H_3O^+)$，即 x，代入上式，可求出一系列的 $K_a^{\ominus}(HAc)$，取其平均值，即为该温度下醋酸的解离常数。

实验 18　甲基红电离常数的测定——分光光度法

一、实验设计要求

在掌握分光光度计测定原理和使用方法的基础上，设计合理的实验方案，测定甲基红的电离平衡常数。

二、仪器与试剂

1. 仪器

722 型分光光度计（见第三章中的仪器 7）、玻璃比色皿、pHS-25 酸度计（复合电极）、容量瓶（100mL、50mL、25mL）、量筒（50mL）、烧杯（50mL）、移液管（10mL、5mL）、吸量管（10mL）。

2. 试剂

95%乙醇（A.R.）、HCl（0.1mol·L^{-1}，0.01mol·L^{-1}）、甲基红（A.R.）、醋酸钠（0.04mol·L^{-1}、0.01mol·L^{-1}）、醋酸（0.02mol·L^{-1}）。

三、实验设计提示

甲基红在溶液中的电离可表示为：

$$\text{(CH}_3)_2\text{N}-\!\!\bigcirc\!\!-\text{N}=\text{N}-\!\!\bigcirc\!\!-\text{CO}_2^- \rightleftharpoons (\text{CH}_3)_2\overset{+}{\text{N}}=\!\!\bigcirc\!\!=\text{N}-\text{N}-\!\!\bigcirc\!\!-\text{CO}_2^-$$

酸式（HMR）红色

$$\text{OH}^- \updownarrow \text{H}^+$$

碱式（MR⁻）黄色

简写为： $$\text{HMR} \rightleftharpoons \text{H}^+ + \text{MR}^-$$
                酸式   碱式

则其电离平衡常数 K_c 可表示为：

$$K_c = \frac{[\text{H}^+][\text{MR}^-]}{[\text{HMR}]} \tag{18-1}$$

或

$$pK_c = pH - \lg\frac{[\text{MR}^-]}{[\text{HMR}]} \tag{18-2}$$

由式(18-2)可知，通过测定甲基红溶液的 pH 值，再根据分光光度法（多组分测定方法）测得 $[\text{MR}^-]$ 和 $[\text{HMR}]$ 的值，即可求得 pK_c 值。

根据朗伯-比耳（Lambert-Beer）定律，溶液对单色光的吸收遵守下列关系式：

$$A = -\lg\frac{I}{I_0} = \lg\frac{1}{T} = kcl \tag{18-3}$$

式中，A 为吸光度；I/I_0 为透光率 T；c 为溶液浓度；l 为溶液的厚度；k 为吸光系数。

溶液中如含有一种组分，其对不同波长的单色光的吸收程度不同，若以波长（λ）为横坐标，吸光度（A）为纵坐标可得一条曲线，如图 18-1，图中单组分 a 和单组分 b 的曲线均称为吸收曲线，亦称吸收光谱曲线。根据式(18-3)，当比色皿厚度一定时，则：

$$A^a = k^a c^a \tag{18-4}$$
$$A^b = k^b c^b \tag{18-5}$$

如在该波长时，溶液遵守朗伯-比耳定律，可选用此波长进行单组分的测定。

溶液中如含有两种组分（或两种组分以上）的溶液，又具有特征的光吸收曲线，并在各组分的吸收曲线互不干扰时，可在不同波长下，对各组分进行吸光度测定。

若溶液中两种组分 a、b 各具有特征的光吸收曲线，且均遵守朗伯-比耳定律，但吸收曲线部分重合，如图 18-1 所示，则两组分（a+b）溶液的吸光度应等于各组分吸光度之和，即吸光度具有加和性。当比色皿厚度一定时，则混合溶液在波长分别为 λ_a 和 λ_b 时的吸光度 $A^{a+b}_{\lambda_a}$ 和 $A^{a+b}_{\lambda_b}$ 可表示为：

$$A^{a+b}_{\lambda_a} = A^a_{\lambda_a} + A^b_{\lambda_a} = k^a_{\lambda_a} c_a + k^b_{\lambda_a} c_b \tag{18-6}$$

$$A^{a+b}_{\lambda_b} = A^a_{\lambda_b} + A^b_{\lambda_b} = k^a_{\lambda_b} c_a + k^b_{\lambda_b} c_b \tag{18-7}$$

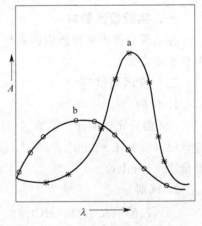

图 18-1 部分重合的光吸收曲线

由光谱曲线可知，组分 a 代表 [HMR]，组分 b 代表 [MR⁻]，根据式(18-6)可得到 [MR⁻] 即，

$$c_b = \frac{A_{\lambda_a}^{a+b} - k_{\lambda_a}^a c_a}{k_{\lambda_a}^b} \tag{18-8}$$

将式(18-8)代入式(18-7)，则可得 [HMR]，即：

$$c_a = \frac{A_{\lambda_b}^{a+b} k_{\lambda_a}^b - A_{\lambda_a}^{a+b} k_{\lambda_b}^b}{k_{\lambda_b}^a k_{\lambda_a}^b - k_{\lambda_a}^b k_{\lambda_b}^a} \tag{18-9}$$

式中，$k_{\lambda_a}^a$、$k_{\lambda_a}^b$、$k_{\lambda_b}^a$、$k_{\lambda_b}^b$ 分别表示单组分在波长为 λ_a 和 λ_b 时的 k 值。而 λ_a 和 λ_b 可以通过测定单组分的光吸收曲线，分别求得其最大吸收波长。如在该波长下，各组分均遵守朗伯-比耳定律，则其测得的吸光度与单组分浓度应为线性关系，直线的斜率即为 k 值，再通过两组分的混合溶液可以测得 $A_{\lambda_a}^{a+b}$ 和 $A_{\lambda_b}^{a+b}$，根据式(18-8)、式(18-9) 两式可以求出 [MR$^-$] 和 [HMR] 的值。

实验 19 氨基甲酸铵分解反应平衡常数的测定——分解压法

一、实验设计要求

在掌握化学平衡相关热力学知识的基础上，设计合理的实验方案，通过实验测定氨基甲酸铵分解反应的平衡常数。

二、仪器与试剂

1. 仪器

等压法测定氨基甲酸铵分解平衡常数实验装置（带真空泵）、DPC-2C 型数字低真空测压仪、XTTG-7 型微机智能温度控制系统和福廷式气压计。

2. 试剂

氨基甲酸铵（自制）、硅油。

三、实验设计提示

氨基甲酸铵是合成尿素的中间产物，白色固体，不稳定，加热易发生如下分解反应：

$$NH_2COONH_4(s) \rightleftharpoons 2NH_3(g) + CO_2(g)$$

该反应是可逆的多相反应。若将气体看成理想气体，并不将分解产物从系统中移走，则很容易达到平衡，标准平衡常数 $K^\ominus$ 可表示为：

$$K^\ominus = \left(\frac{p_{NH_3}}{p^\ominus}\right)^2 \left(\frac{p_{CO_2}}{p^\ominus}\right) \tag{19-1}$$

系统的总压等于 NH_3 和 CO_2 的分压之和，从化学反应计量方程式可知，CO_2 分压占总压的 1/3，代入上式，可得：

$$K^\ominus = \left[\frac{2}{3}\left(\frac{p_{总}}{p^\ominus}\right)\right]^2 \left[\left(\frac{1}{3}\frac{p_{总}}{p^\ominus}\right)\right] = \frac{4}{27}\left(\frac{p_{总}}{p^\ominus}\right)^3 \tag{19-2}$$

系统在一定的温度下达到平衡，压力总是一定的，称为 NH_2COONH_4 的分解压力。测量其总压 $p_{总}$ 即可计算出标准平衡常数 $K^\ominus$。温度对平衡常数的影响：

$$\frac{d\ln K^\ominus}{dT} = \frac{\Delta_r H_m^\ominus}{RT^2} \tag{19-3}$$

在温度变化范围不大时，取 $\Delta_r H_m^\ominus$ 近似为常数，得到下面公式：

$$\ln K^\ominus = -\frac{\Delta_r H_m^\ominus}{RT} + C \tag{19-4}$$

故可以 $\ln K^\ominus$ 对 $1/T$ 作图，应为一条直线，从斜率可求得 $\Delta_r H_m^\ominus$。

反应的标准摩尔吉布斯函数变 $\Delta_r G_m^\ominus$ 与标准平衡常数 $K^\ominus$ 的关系为：

$$\Delta_r G_m^\ominus = -RT \ln K^\ominus \tag{19-5}$$

用标准摩尔反应焓变和标准摩尔吉布斯函数变 $\Delta_r G_m^\ominus$ 可近似地计算该温度下的标准摩尔熵变，即：

$$\Delta_r S_m^\ominus = (\Delta_r H_m^\ominus - \Delta_r G_m^\ominus)/T \tag{19-6}$$

因此，由实验测出一定温度范围内不同温度 T 时氨基甲酸铵的分解压力（即平衡总压），可分别求出标准平衡常数 $K^\ominus$ 及标准摩尔反应焓变 $\Delta_r H_m^\ominus$、标准摩尔吉布斯函数变 $\Delta_r G_m^\ominus$ 及标准摩尔熵变 $\Delta_r S_m^\ominus$。

等压法测氨基甲酸铵分解装置如图 19-1 所示。等压计中的封闭液通常选用邻苯二甲酸二壬酯、硅油或石蜡油等蒸气压小且不与系统中任何物质发生化学作用的液体，本实验使用的是硅油。若它与 U 形汞压力计连用时，由于硅油的密度与汞的密度相差悬殊，故等压计中两液面若有微小的高度差，则可忽略不计。本实验中采用数字式低真空测压仪测定系统总压。

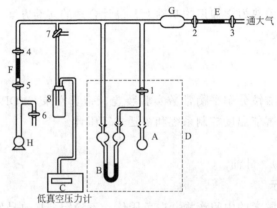

图 19-1　分解压测定装置

1～7—真空活塞；8—干燥瓶；A—样品瓶；B—零压计；C—压力计；D—空气恒温箱；E,F——毛细管；G—缓冲管；H—机械真空泵

相平衡

基础实验

实验 20　二元液系气液平衡相图的绘制——折射率法

一、实验目的

（1）测定并绘制环己烷-乙醇二元液系的沸点-组成图，并由图确定其最低恒沸温度及最

低恒沸混合物的组成。

(2) 学会使用阿贝折射仪。

二、实验原理

任意两个在常温时为液态的物质混合组成的系统称为二元液系。二元液系可分为完全互溶、部分互溶和完全不互溶几种情况。

液体的沸点是指液体饱和蒸气压和外压相等时的温度。在一定外压下，纯液体的沸点有一确定值。对完全互溶的二元液系，沸点还与组成有关。完全互溶二元液系的沸点-组成图可分为以下三类：

(1) 混合物的沸点介于两纯组分沸点之间 [图 20-1(a)]。
(2) 混合物的沸点-组成图上出现最高点 [图 20-1(b)]。
(3) 沸点-组成图上出现最低点 [图 20-1(c)]。

相对于最低点或最高点的温度称为恒沸点，对应于该点的溶液称为恒沸混合物。

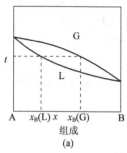 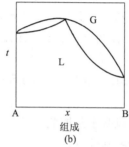 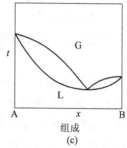

图 20-1 完全互溶的二元液系的沸点-组成图

图上的纵轴表示温度，横轴表示混合物的组分。靠下的一条曲线是液相线（L），表示混合物的沸点与液相组分的关系。靠上的一条曲线是气相线（G），表示混合物的沸点与气相组分的关系。某一温度下平行于横轴的虚线与二条曲线的两个交点，就是该沸点下互相平衡的液相点 $x_B(L)$ 和气相点 $x_B(G)$。

本实验用沸点仪测定不同组成的环己烷-乙醇混合物的沸点，并收集互成平衡时的气相和液相，用折射仪分别测定它们的折射率，由此作出此二元液系平衡相图。

折射率是物质的一个特征数值，溶液的折射率与其组分有关。若事先测定了一系列已知组成的溶液的折射率，作出折射率-组成工作曲线，那么，未知溶液的组成就可以通过测定其折射率，然后从工作曲线上查得。

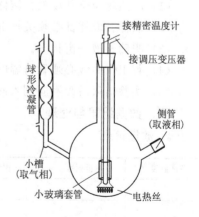

图 20-2 沸点仪示意图

三、仪器与试剂

1. 仪器

沸点仪（包括温度传感器、电热丝、小玻璃管），超级恒温槽，变压器，温度温差仪，长、短吸液滴管各 12

支，阿贝折射仪，量筒25mL，移液管（2mL、5mL），电吹风，洗耳球。

2. 试剂

无水乙醇（A.R.）、环己烷（A.R.）。

四、实验步骤

1. 实验操作

(1) 按图20-2装好沸点仪，温度传感器下端套一玻璃套管，勿使电热丝与玻璃套管相碰，并防止电热丝短路。

(2) 接通冷凝水，调节超级恒温槽温度。用纯乙醇在阿贝折射仪（请参阅本书第三章中的仪器3）上练习使用仪器3，读出乙醇的折射率 n_D。

(3) 量取20mL乙醇从瓶口加入蒸馏瓶内，并使温度传感器下端一部分浸在液体中。调节变压器电压至10V左右，利用电热丝将液体加热至缓缓沸腾。当温度恒定时，记下乙醇的沸点及室内气压。

(4) 通过侧管加入0.5mL环己烷于蒸馏瓶中，加热至溶液沸腾。待温度变化缓慢时，连同支架一起倾斜蒸馏瓶，使小槽中气相冷凝液流回蒸馏瓶内，重复三次（注意：加热时间不宜太长，以免低沸点物质挥发）。待温度基本不变时记下沸点，停止加热。用长吸液滴管从小槽中取出气相冷凝液，在阿贝折射仪上测定折光率。然后用短吸液滴管从侧管吸出少许溶液测其折射率。

(5) 依次再加入1mL、2mL、4mL、8mL、12mL环己烷，按上述方法测定溶液的沸点和平衡时气相、液相的折射率。

(6) 将溶液倒入回收瓶，用电吹风吹干蒸馏瓶。

(7) 从瓶口加入20mL环己烷，测其沸点。

(8) 依次加入0.2mL、0.2mL、0.3mL、0.5mL、1.0mL、2.0mL乙醇，按上法测其沸点、气相和液相的折射率。

(9) 拔掉电源插头，关闭仪器和冷凝水，将溶液倒入回收瓶。

(10) 从环己烷-乙醇体系的折射率-组成工作曲线上查出所测折射率对应的组成。

2. 注意事项

(1) 电热丝应全部浸没在液体中，并防止电线短路。

(2) 加样、取样都必须关掉电源开关。

(3) 明确气液平衡状态。

(4) 查工作曲线必须看清温度。

(5) 实验结束后废液应倒入回收瓶，所有玻璃仪器都不必清洗。

五、数据记录与处理

1. 数据记录

平衡温度/℃	气相折射率（n_D^t）	气相组成（乙醇的质量分数）	液相折射率（n_D^t）	液相组成（乙醇的质量分数）

2. 数据处理

(1) 绘制环己烷-乙醇体系的沸点-组成图。

(2) 由沸点-组成图找出最低恒沸温度和最低恒沸混合物组成。

思考题

1. 最低恒沸点与哪些因素有关？
2. 每次加入的环己烷或乙醇的量是否一定要很精确？为什么？
3. 为了准确测定折射率及沸点，分别应注意哪些问题？

实验 21　二组分金属相图的绘制——热分析法

一、实验目的

(1) 掌握热分析法测量技术与热电偶测量温度的方法。

(2) 掌握应用步冷曲线绘制 Sn-Bi 二组分金属相图的方法。

二、实验原理

多相平衡系统的状态随浓度、温度、压力等变量的变化而变化，这种变化关系如果用几何图形来表示，就称为相图。

热分析法是绘制相图的方法之一。首先将样品加热至液态，然后令其缓慢而均匀地冷却，同时记录冷却过程中系统在不同时刻的温度，再绘制出系统温度随时间的变化曲线，即步冷曲线。如果系统中发生了相变化，那么会伴随有热效应，因此在步冷曲线中会出现转折点或者水平线段。绘制一系列不同组成样品的步冷曲线，识别出步冷曲线上发生相变的温度，从而绘制出被测系统的相图。

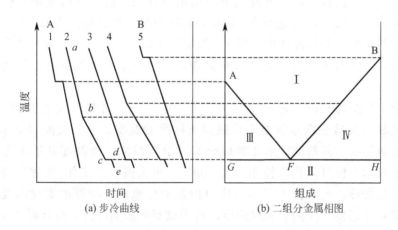

图 21-1　步冷曲线及对应的二组分金属相图

在图 21-1(a) 所示的步冷曲线中，曲线 1 和曲线 5 分别为纯 A 物质和纯 B 物质的步冷曲线。它们共同的特点是，随着温度下降到纯金属物质的熔点时，会有一段时间温度保持不变，即在曲线上出现水平段。

曲线 2、3、4 为二组分系统的步冷曲线。以步冷曲线 2 为例，ab 段代表混合物温度随时间下降较快，到达 b 点时有纯 A 物质的固体开始析出，此时系统为 A 固相和 A、B 混合物的液相两相共存。随着 A 物质的不断析出，放出了凝固热，使系统的降温速率变慢，步冷曲线的斜率变小，于是在 b 点出现转折。继续冷却，固体 A 不断析出，与之平衡的液相中 B 的百分含量不断增加。当温度降至 c 点时，液相对 B 也饱和，此时 B 物质也开始随 A 物质一起凝固析出，温度不再改变，在步冷曲线上表现为 cd 水平段，这个温度是二组分系统的低共熔点，此时系统由固相 A 物质、固相 B 物质、溶液三相组成。液相完全凝固后，温度继续随时间下降，形成 de 段。

步冷曲线 3 显示了组成为低共熔混合物的系统温度随时间的变化，混合物仅在温度下降到低共熔点时才一起凝固析出，有明显的水平线段。

在图 21-1(b) 所示的二组分金属相图中，Ⅰ 为液相区；Ⅱ 为 A 固体与 B 固体的混合区（也称为两相区）；Ⅲ 为 A 固体与液相共存的两相区；Ⅳ 为 B 固体与液相共存的二相区；水平线段 GFH 为 A 固体、B 固体和液相共存的三相共存线。

三、仪器与试剂

1. 仪器

数字控温仪、可控升降温电炉、硬质试管、分析天平。

2. 试剂

锡（A.R.）、铋（A.R.）。

四、实验步骤

（1）取 6 支硬质试管编号为 1~6，并分别装入不同 Sn/Bi 配比但总质量为 100g 的样品。以 Bi 质量分数计，1~6 号试管分别含有 0、20%、40%、58%、80%、100% 的 Bi。在 6 支试管中各加入约 3g 的石蜡油，防止金属因接触空气而在加热时氧化。

（2）打开数字控温仪、可控升降温电炉的电源开关，检查冷风量调节旋钮是否已经处于风扇电压为 0 的位置，以免加热的同时风扇吹冷风。用试管夹夹取 1 号、2 号试管分别置于两个加热炉中，并将温度传感器 1、温度传感器 2 分别置于 1 号与 2 号试管中（这一点非常重要，传感器 1 如果不置于加热炉中，不仅得不到测量数据，且易发生电炉融毁事故）。

（3）在数字控温仪上设定定时时间为 30s。按"工作/置数"键使得置数指示灯亮，此时 2 个温度显示窗口分别显示两个传感器所探测的温度。第二次按"工作/置数"键，此时仍然是置数灯亮，但温度显示Ⅱ窗口全部显示为横杠，而温度显示Ⅰ窗口显示设定温度。在温度显示Ⅰ窗口内设定控制温度 330℃。再次按下"工作/置数"键，工作指示灯亮，电炉开始加热，此时温度显示Ⅰ窗口内显示传感器 1 探测的实时温度，同时温度显示Ⅱ窗口显示传感器 2 探测的实时温度。待温度显示接近 330℃ 时计时 10min，以使试管内的金属样品完全熔化。此后，按一下"工作/置数"键使得置数指示灯亮，此时电炉停止加热自然冷却，每 30s 记录一次温度显示Ⅰ和温度显示Ⅱ的数据，直至温度低于 110℃ 结束记录。然后将冷风调节旋钮调至电压 15V 的位置，使电炉降温 10min。用试管夹分别将 1 号、2 号试管从电炉中取出，注意不能用手直接接触试管和传感器测量端，以免烫伤。

（4）重复步骤（2）、（3），用同样的方法测量 3 号、4 号试管以及 5 号、6 号试管。实验结束后用试管夹将试管从电炉内取出，放回支架。

五、数据记录与处理

1. 数据记录

样品1		样品2		样品3		样品4		样品5		样品6	
时间/min	温度/℃	时间/min	温度/℃	时间/min	温度/℃	时间/min	温度/℃	时间/min	温度/℃	时间/min	温度/℃

2. 数据处理

(1) 纯物质锡的熔点为232.0℃，纯物质铋的熔点为271.3℃，用此数据校正热电偶的测量值。

(2) 利用记录的温度、时间数据绘制步冷曲线，6个步冷曲线绘制在同一张图内。利用所得步冷曲线绘制 Sn-Bi 二组分系统的相图。

(3) 从绘制的相图中求得低共熔点的温度及低共熔混合物的组成。

思考题

1. 步冷曲线各段的斜率以及水平段的长短与哪些因素有关？
2. 试述绘制二组分金属相图的意义。

实验22 液体饱和蒸气压的测定

一、实验目的

(1) 用等压计测定不同温度下液体的饱和蒸气压，绘制蒸气压与温度的关系曲线，并计算液体的摩尔蒸发焓。

(2) 熟悉等压计测定饱和蒸气压的原理。

二、实验原理

一定温度下，纯液体与其蒸气达平衡时，蒸气所具有的压力就是该温度下液体的饱和蒸气压，温度升高，则液体的饱和蒸气压也升高，饱和蒸气压与温度的关系可用克劳修斯-克拉佩龙方程式表示：

$$\frac{\mathrm{d}\lg p}{\mathrm{d}T}=\frac{\Delta_{\mathrm{vap}}H_{\mathrm{m}}^{*}}{2.303RT^{2}} \tag{22-1}$$

式中　$\Delta_{\mathrm{vap}}H_{\mathrm{m}}^{*}$——温度 T 时液体的摩尔蒸发焓，$\mathrm{J \cdot mol^{-1}}$；

R——摩尔气体常数，$R=8.314 \mathrm{J \cdot K^{-1} \cdot mol^{-1}}$。

若在一定温度范围内，把 $\Delta_{\mathrm{vap}}H_{\mathrm{m}}^{*}$ 当作常数将上式作不定积分得：

$$\lg p = \frac{-\Delta_{\mathrm{vap}}H_{\mathrm{m}}^{*}}{2.303RT}+C \tag{22-2}$$

或

$$\lg p = \frac{A}{T}+C$$

式中　C——不定积分常数。

$$A=-\frac{\Delta_{\mathrm{vap}}H_{\mathrm{m}}^{*}}{2.303R}$$

由实验测得一系列温度及饱和蒸气压数据。作 $\lg p$-$1/T$ 图,可得到一条直线,其斜率为 A,由下式可求得 $\Delta_{vap}H_m^*$:

$$\Delta_{vap}H_m^* = -2.303RA \tag{22-3}$$

三、仪器与试剂

1. 仪器

等压计、真空泵、恒温水浴 1 套、缓冲储气罐、DP-A 精密数字压力计、DP-AF 饱和蒸气压组合实验装置（图 22-1）。

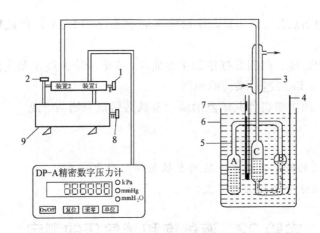

图 22-1　DP-AF 饱和蒸气压组合实验装置
1—平衡阀 1；2—平衡阀 2；3—冷凝管；4—加热管；5—等压计；
6—恒温水浴；7—温度计；8—进气阀；9—缓冲储气罐

2. 试剂

无水乙醇。

四、实验步骤

1. 指导教师准备工作

等压计中盛装乙醇的方法：等压计洗净烘干后，在电炉上微微烘烧等压计的 A 管，逐出其中的部分空气，迅速将等压计管口插入盛乙醇的烧杯中，乙醇即被吸入，反复操作两三次，使 A 管中盛有 2/3 的乙醇为宜。

2. 学生实验操作

（1）将缓冲储气罐的进气阀接上真空泵，关闭平衡阀 1、平衡阀 2，打开进气阀。打开真空泵，减压 1～2min 后，将进气阀关闭，然后关闭真空泵。

（2）将 DP-A 精密数字压力计的单位切换成"mmHg"，并"采零"。将橡皮管接上气体缓冲罐，接法如图 22-1 所示。

（3）将平衡阀 2 打开少许，使体系减压至 -550mmHg 左右，立即关闭平衡阀 2。

（4）当温度升至 50℃ 左右时，等压计内的液体慢慢沸腾，当气泡自等压计 C 管中大量逸出时，维持稳定约 3min（此时等压计 A、B 两管上方的空气已基本赶净，剩下基本上是乙醇的蒸气），缓缓打开平衡阀 1，使空气慢慢渗入（注意打开平衡阀 1 一定要慢，以免空气渗入过猛），直至等压计 C、B 两管的液面等高，立即关闭平衡阀 1（此时即表示管内乙醇的饱和蒸气压与 C 管上方的压力相等）。记录此时的水浴温度和压差值。

(5) 立即升高温度3℃，达到恒温时，缓缓打开平衡阀1，使空气渗入直至等压计C、B两管的液面等高，关闭平衡阀1，立即读出温度与压差。

(6) 重复上述步骤，直至精密数字压力计显示数字为0或接近0。

(7) 最后将温度升至80℃，然后关闭恒温控制器，拔去压力装置1、压力装置2的橡皮管，关闭DP-A精密数字压力计，待水浴均匀下降至等压计C管和B管液面相平时记录温度值，此值即为当天大气压下乙醇的沸点。

3. 注意事项

(1) 一定要读取大气压，否则数据无法处理。

(2) 实验之前，精密数字压力计要在通大气情况下"采零"。

(3) 注意对数有效数字的运算法则。

五、数据记录与处理

1. 实验记录

室内气压：_____

温度 $t/℃$	压差 Δp/mmHg	蒸气压 p/mmHg	$\frac{1}{T}$/K^{-1}	lg(p/mmHg)

2. 数据处理

绘制 lg$p$-1/T 直线图，由斜率和式(22-3)计算乙醇在实验温度范围内的平均摩尔蒸发焓 $\Delta_{vap}H_m^*$。

思考题

1. 液体饱和蒸气压与哪些因素有关？
2. 等压计的B管与C管液面相平表示什么？
3. 分析实验可能产生的误差原因。
4. 什么是液体的正常沸点？
5. 如何测定液体的正常沸点？

设计性实验

实验23　乙醇-苯气液平衡相图的绘制

一、实验设计要求

在掌握二元气液平衡相图的基本原理、绘制方法及熟悉折射仪使用方法的基础上，设计一个合理的实验方案，绘制乙醇-苯双液系气液平衡相图。

二、仪器与试剂

1. 仪器

沸点仪、超级恒温槽、阿贝折射仪、直流稳压电源、移液管（1mL、10mL）、高型称量瓶、滴管（长、短数支）。

2. 试剂

无水乙醇（A.R.）、苯（A.R.）。

三、实验设计提示

本实验是研究二组分气液平衡系统。采用回流冷凝法测定不同组成的乙醇-苯体系的沸点和气液两相平衡组成，绘制沸点-组成图，确定体系的最高恒沸点和相应的组成。通过实验掌握通过测定沸点和折射率来确定二组分溶液组成的方法。

实验 24　甲醇和碳酸二甲酯的分离

一、实验设计要求

在掌握恒沸精馏基本原理和基本操作的基础上，设计合理的实验方案，对甲醇和碳酸二甲酯混合液进行分离。

二、仪器与试剂

1. 仪器

恒沸精馏塔、电子天平、阿贝折射仪。

2. 试剂

碳酸二甲酯（A.R.）、甲醇（A.R.）、三氯乙烯（A.R.）。

三、实验设计提示

碳酸二甲酯是一种重要的新型绿色化工产品，其合成方法主要有 4 种，其中甲醇气相氧化羰基化法，因其原料易得、工艺简单，是非常有效的合成方法。但由于该合成方法中使用了过量甲醇，因此形成了碳酸二甲酯与甲醇的共沸物（其组成质量比为 30∶70），从而给分离造成了一定的困难。由于甲醇和碳酸二甲酯形成共沸物，通过普通蒸馏不能分离，为此通常采用两步分离，第一步为初馏阶段，在填料塔内蒸馏获得碳酸二甲酯共沸物，并将其副产物除去；第二步为精制阶段，采用有效的分离方法获得碳酸二甲酯。分离碳酸二甲酯的方法主要有低温结晶法、萃取精馏法、恒沸精馏法和加压蒸馏法 4 种，本实验采用恒沸精馏法。

实验 25　环己烷废液的回收

一、实验设计要求

在掌握萃取精馏分离方法的基础上，设计合理的实验方案，实现环己烷-乙醇废液中环己烷的回收。

二、仪器与试剂

1. 仪器

精馏装置、阿贝折射仪、电热套、分液漏斗（300mL）、玻璃恒温水浴、温度计（0～100℃）、容量瓶（50mL）、移液管（5mL、10mL、20mL）。

2. 试剂

实验废液、环己烷（A.R.）、乙醇（A.R.）、去离子水，无水 $CaCl_2$。

三、实验设计提示

回收环己烷的主要原料来自实验室中的废液，主要由环己烷和乙醇两种液体组成，其中环己烷含量一般为50%～60%。由于乙醇与环己烷能形成共沸混合物，因此用精馏的方法不能将二者完全分离。乙醇在结构上与水相似，它们都含羟基，彼此间易形成氢键，可以任意比例混溶，但环己烷与水不互溶。据此，考虑以水为萃取剂，采用萃取-精馏的方法，经$CaCl_2$干燥后，可以得到纯度较高的环己烷。

环己烷在乙醇中的浓度，乙醇在水中的浓度可以通过折射率曲线来确定。

实验26　溶剂对可嗅辨香原料最小浓度的影响

一、实验设计要求

在掌握二元气液平衡相图原理的基础上，设计合理的实验方案，测定不同溶剂中芳樟醇的可嗅变最小浓度。

二、仪器与试剂

1. 仪器

沸点仪、超级恒温槽、阿贝折射仪、直流稳压电源、移液管（1mL、10mL）、高型称量瓶、滴管（长、短数支）。

2. 试剂

无水乙醇（A.R.）、香原料（芳樟醇）。

三、实验设计提示

香精香料在空气中挥发，到达鼻腔，通过神经传到大脑后使人产生嗅觉。香气根据香精香料的挥发程度可分成三段。

1. 头香或顶香

最初闻到的香气叫头香（top note），如香水瓶打开盖子时立刻闻到的那部分香气。头香挥发程度高，在评香条上一般认为在2h以内挥发散尽，不留香气者为头香。这是香气给人留下的第一印象，相当于食物的"口味"。对香精来说，这种香气的口味是非常重要的。一般总是选择嗜好性强，能融洽地与其他香气融合为一体，且清新爽快能使全体香气上升以及多少有些独创性的香气成分作为头香。因此新的单体或单离香料对一名调香师来说更显重要。所有柑橘型香料、玫瑰油、果味香料、轻快的青香味香料都属此范围。困难在于香气与食品一样，必须经常变换口味，否则使人产生厌腻感，但要防止过于奇特的变化而使人不适应。

2. 体香

体香（body note）又叫中段香韵，简称中韵（middle note），其挥发程度中等。头香过去之后，继之而来的一股丰盈的香气即体香。体香在评香条上可持续2～6h，是显示香精香料香气特色的重要部分，适用于这部分的香料有茉莉、玫瑰、铃兰、丁香等各种香料。

3. 尾香

尾香也叫基香、晚香、底香（base note）或残香、香迹（dry out），挥发程度低而富有保留性，在评香条上香气可残留6h以上或几天或数月。

嗅觉识别阈值是指对气味的最低嗅辨浓度。

不同溶剂对香原料的嗅觉识别阈值、扩散程度和留香能力的影响是不同的。通过绘制溶剂与香原料的二元气液平衡相图，然后用阿贝折射仪检测残留液体中香原料的浓度，可以得到溶剂对香原料嗅觉的识别阈值、扩散程度和留香能力影响的具体数据，对调香工作起到科学的指导作用。

实验 27　二组分金属相图的应用

一、实验设计要求

在掌握金属相图相关知识的基础上，设计合理的实验方案，达到定向获得锡铋固溶体、固溶体包裹锡颗粒、固溶体包裹铋颗粒的目的，利用相图研制功能材料。

二、仪器与试剂

1. 仪器

控温仪、电炉、试管、温度传感器、分析天平。

2. 试剂

铋（A.R.）、锡（A.R.）。

三、实验设计提示

复合材料的诸多性能与其组成、结构密切相关，相图在指导复合材料的制备方面具有重要的意义。以二元金属复合物而言，可能形成高度互溶的固溶体，也可能形成固溶体包裹不同大小、不同组成的某种颗粒，这对于其机械性能、形貌结晶等都有重要影响。通过本实验的设计，在熟悉相图绘制的基础上，更加明确如何利用相图设计复合材料。

根据所得粗略版金属相图，明确不同条件下分别发生了哪些相变化过程，最终所得固体在组成、结构上有哪些不同之处，并通过样品的扫描电镜元素分布、机械强度测试等手段进行表征，在此基础上，设计合理的实验方案，合成所需要的功能材料。

实验 28　溶液活度系数的测定——气液相图法

一、实验设计要求

在掌握二元气液平衡相图基本原理的基础上，设计合理的实验方案，求出在不同的温度下，乙醇-苯混合体系中每种物质的活度系数。

二、仪器与试剂

1. 仪器

沸点仪、超级恒温槽、阿贝折射仪、直流稳压电源、移液管（1mL、10mL）、高型称量瓶、滴管（长、短数支）。

2. 试剂

无水乙醇（A.R.）、苯（A.R.）。

三、实验设计提示

液体的沸点是指液体饱和蒸气压和外压相等时的温度。在一定外压下，纯液体的沸点有一确定值。对完全互溶的二元液系，沸点还与组成有关。完全互溶二元液系的沸点-组分图可分为三类：①混合物的沸点介于两纯组分沸点之间；②混合物的沸点-组成图上出现最高点；③沸点-组成图上出现最低点。相应于最低点或最高点的温度称为恒沸点，对应于该点的溶液称为恒沸混合物。

当达到气液平衡时，除了两相的压力和温度分别相等外，每一组分的化学势也相等，即逸度相等，其热力学基本关系为：

$$f_i^g = f_i^l \tag{28-1}$$

式中，f_i^g 为 i 物质在气相中的逸度；f_i^l 是 i 物质在液相中的逸度。

$$\phi_i p y_i = \gamma_i p^* x_i \tag{28-2}$$

式中　ϕ_i——i 物质在气相中的逸度系数；

　　　p——体系压力（总压）；

　　　y_i——i 物质在气相中的摩尔分数；

　　　γ_i——i 物质在液相中的活度系数；

　　　p^*——纯 i 物质在平衡温度下的饱和蒸气压；

　　　x_i——i 物质在液相中的摩尔分数。

常压下，气相可视为理想气体，$\phi_i = 1$；再忽略压力对液体逸度的影响，从而得出低压下的气液平衡关系式为：

$$p y_i = \gamma_i p^* x_i \tag{28-3}$$

由实验测得等压下气液平衡数据，则可用下式计算不同组成下的活度系数：

$$\gamma_i = \frac{p y_i}{x_i p^*} \tag{28-4}$$

电化学

基础实验

实验 29　电池电动势的测定

一、实验目的

(1) 掌握对消法测定电池电动势的原理及电动势仪的使用。

(2) 了解电动势的测定和应用。

(3) 通过实验加深对可逆电池、可逆电极概念的理解，熟悉有关电动势和电极电势的基本计算。

二、实验原理

一个可逆电池必须满足的条件之一，是通过的电流不能是有限值，只能为无限小，否则它将不能称为可逆电池。另外，当有限电流通过时，因电池内阻要消耗电势差等原因造成两电极间电势差较电池电动势小，因此只有在没有电流通过电池时，两电极电势差才与电池电动势相等。由于上述原因，不能直接用伏特计来测量一个可逆电池的电动势。一般采用对消法测可逆电池的电动势，常用的测量仪器称为电动势仪。

电池由两个电极（半电池）组成，电池的电动势等于两个电极的电极电势差值（假设两个电极溶液互相接触而且产生的液接电势已用盐桥消除掉）。设左边电极的电极电势为 $E_{左}$，右边为 $E_{右}$，人为规定 $E = E_{右} - E_{左}$。由于电极电势的绝对值至今还无法测定，因此在电化学中将标准氢电极，即在 $a_{H^+} = 1$，$p(H_2) = 100 kPa$ 的条件下，被氢气所饱和的铂电极的电极电势规定为零，并把它作为参比电极，从而求得其他各种电极的电极电势相对值。由于氢电极使用条件比较苛刻，因此常用具有稳定电势的电极，如甘汞电极、Ag-AgCl 电极等作为参比电极。

本实验为了测定银电极的电极电势，将待测电极与饱和甘汞电极组成如下电池：

$$Hg(l)|Hg_2Cl_2(s)|KCl(饱和溶液)\|Ag^+(a_\pm)|Ag(s)$$

实验中用饱和 NH_4NO_3 盐桥来消除液接电势。其电动势 E 通过下列公式计算：

$$E = E_右 - E_左 = E^\ominus_{Ag^+/Ag} + \frac{RT}{ZF}\ln a_{Ag^+} - E_{甘汞} \tag{29-1}$$

三、仪器与试剂

1. 仪器

SDC-Ⅱ数字式电动势综合测试仪（请参阅本书第三章中的仪器4）1台、饱和甘汞电极1支、银电极1支、盐桥（NH_4NO_3）1根、半电池管2根。

2. 试剂

$AgNO_3$ 溶液、KCl 饱和溶液。

四、实验步骤

将 $0.100\text{mol}\cdot\text{kg}^{-1}$ 的 $AgNO_3$ 溶液倒入一支半电池管中，并插入 Ag 电极；在另一支半电池管中倒入饱和 KCl 溶液，并插入甘汞电极。两电池管之间跨接 NH_4NO_3 盐桥，接通电动势综合测试仪线路测定下面电池的电动势。

$$Hg(l)|Hg_2Cl_2(s)|KCl(饱和溶液)\|AgNO_3(0.100\text{mol}\cdot\text{kg}^{-1})|Ag(s)$$
（饱和 NH_4NO_3 盐桥）

五、数据记录与处理

1. 数据记录

室温：_____，实验温度：_____，大气压：_____

a_{Ag^+}	E/V	$E^\ominus/V$

2. 数据处理

由测得电池的电动势求 $E^\ominus_{Ag^+/Ag}$，并将结果与 $E^\ominus_{Ag^+/Ag} = 0.7991 - 9.88\times10^{-4}(t-25)$ 所得结果进行比较，且要求相对误差小于 1%。

已知：$E_{甘汞} = 0.2415 - 7.6\times10^{-4}(t-25)$，其中 t 为摄氏温度；$0.100\text{mol}\cdot\text{kg}^{-1}$ $AgNO_3$ 的 $\gamma_{AgNO_3} = \gamma_\pm = 0.734$。

思考题

1. 测定可逆电动势为何要用对消法？
2. 测定电动势为何要使用盐桥？如何选用盐桥以适用不同的体系？

实验30　电解质溶液电导的测定

一、实验目的

(1) 了解溶液电导、电导率、摩尔电导率的基本概念，学会电导率仪的使用方法。

（2）掌握溶液电导率的测定方法并讨论可能的应用。

二、实验原理

电解质溶液是第二类导体，通过正、负离子的迁移来传导电流，导电能力与离子的运动速率有关。导电能力由电导G，即电阻R的倒数来度量。它们之间的关系为：

$$G=\frac{1}{R}=\kappa\left(\frac{A}{l}\right) \tag{30-1}$$

式中，A为电极的面积；l是两电极的距离；κ为电导率。当$A=1\mathrm{m}^2$、$l=1\mathrm{m}$时，溶液的电导称为电导率κ，l/A为电导池常数。

摩尔电导率Λ_m的定义为：两电极相距为1m，两电极之间的溶液含有1mol电解质所具有的电导称为该电解质的摩尔电导率。

摩尔电导率Λ_m和电导率κ之间的关系为：

$$\Lambda_\mathrm{m}=\frac{\kappa}{c} \tag{30-2}$$

式中，c为电解质溶液的浓度。

Λ_m随浓度而变，但其变化规律对强电解质和弱电解质是不同的。对于强电解质的稀溶液为：

$$\Lambda_\mathrm{m}=\Lambda_\mathrm{m}^\infty-\beta\sqrt{c} \tag{30-3}$$

式中，$\Lambda_\mathrm{m}^\infty$与$\beta$为常数，$\Lambda_\mathrm{m}^\infty$为无限稀释溶液的摩尔电导率，可以从$\Lambda_\mathrm{m}$与$\sqrt{c}$的直线关系外推而得。弱电解质的$\Lambda_\mathrm{m}$与$\sqrt{c}$不呈直线关系，其$\Lambda_\mathrm{m}^\infty$可根据Kohlrausch离子独立运动定律求得：

$$\Lambda_\mathrm{m}^\infty=\nu_+\lambda_{\mathrm{m},+}^\infty+\nu_-\lambda_{\mathrm{m},-}^\infty \tag{30-4}$$

式中，$\lambda_{\mathrm{m},+}^\infty$、$\lambda_{\mathrm{m},-}^\infty$分别表示无限稀释时正、负离子的摩尔电导率。因此，弱电解质HAc的$\Lambda_\mathrm{m}^\infty(\mathrm{HAc})$可按下式计算：

$$\Lambda_\mathrm{m}^\infty(\mathrm{HAc})=\Lambda_\mathrm{m}^\infty(\mathrm{HCl})+\Lambda_\mathrm{m}^\infty(\mathrm{NaAc})-\Lambda_\mathrm{m}^\infty(\mathrm{NaCl}) \tag{30-5}$$

电解质溶液电导的测定，通常通过图30-1所示的电导池来进行。

将电解质溶液注入电导池中，若知道电导池常数，则通过测量电导可知待测溶液的电导率。由于电极的l和A不易精确测量，因此实验中用一种已知电导率值的溶液，先测量出电导池常数K_cell，然后将待测溶液注入该电导池测出其电导值，再求出其电导率。

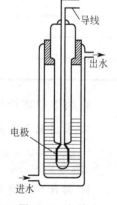

图30-1 电导池

三、仪器与试剂

1. 仪器

SLDS-I型数显电导率仪（请参阅本书第三章中的仪器6）、恒温水浴、电导池、容量瓶（100mL）、移液管（25mL，50mL）、洗瓶、洗耳球。

2. 试剂

KCl溶液（0.0200mol·L^{-1}、0.0100mol·L^{-1}、0.0058mol·L^{-1}、0.0025mol·L^{-1}）、KCl标准溶液（0.0200mol·L^{-1}）、电导水。

四、实验步骤

1. 恒温槽准备

将恒温槽温度调至25.0℃或30.0℃，使恒温水流经图30-1所示的电导池夹层。

2. 测定电导水的电导率

用电导水洗涤电导池和铂黑电极 2~3 次，然后注入电导水，恒温后测其电导率，重复测定三次。

3. 测定电导池常数 K_{cell}

倒出电导池中的电导水，将电导池和铂黑电极用少量的 $0.0200 mol \cdot L^{-1}$ KCl 标准溶液洗涤 2~3 次后，装入 $0.0200 mol \cdot L^{-1}$ KCl 标准溶液，恒温后，用电导率仪测其电导率，重复测定三次。

4. 测定 KCl 溶液的电导率

倒出电导池中的溶液，将电导池和铂黑电极用少量待测溶液洗涤 2~3 次，最后注入待测溶液。恒温约 10 min，用电导率仪测其电导率，每份溶液重复测定三次。按照浓度由小到大的顺序，测定 4 种不同浓度 KCl 溶液的电导率。

5. 注意事项

(1) 电导池不用时，应将铂黑电极浸在蒸馏水中，以免干燥致使表面发生变化。

(2) 实验中温度要恒定，测量必须在同一温度下进行；恒温槽的温度要控制在 (25.0 ± 0.1)℃ 或 (30.0 ± 0.1)℃。

(3) 测定前，必须将电导电极及电导池洗涤干净，以免影响测定结果。

(4) 实验完毕后将电极浸在蒸馏水中。

五、数据记录与处理

1. 由 $0.0200 mol \cdot L^{-1}$ KCl 标准溶液的电导率值计算电导池常数。已知 $0.0200 mol \cdot L^{-1}$ KCl 标准溶液 25℃ 时的电导率为 $0.002765 S \cdot cm^{-1}$，30℃ 时为 $0.003036 S \cdot cm^{-1}$，35℃ 时为 $0.003312 S \cdot cm^{-1}$。

2. 将数据列表并求出不同浓度 KCl 溶液的摩尔电导率，比较纯水电导率对强电解质溶液的影响。

KCl 溶液的浓度 $c/mol \cdot L^{-1}$	G/S	$\kappa/S \cdot m^{-1}$	$\Lambda_m/S \cdot m^2 \cdot mol^{-1}$

3. 将 KCl 溶液的摩尔电导率 Λ_m 对 $\sqrt{c}$ 作图，并外推至 $\sqrt{c}$ 为 0，求出 KCl 的 Λ_m^∞。

4. 求出 KCl 溶液的摩尔电导率与浓度的关系式 $\Lambda_m = \Lambda_m^\infty - \beta\sqrt{c}$。

思考题

1. 为什么要测电导池常数？如何得到该常数？
2. 测电导时为什么要恒温？实验中测电导池常数和溶液电导，温度是否要一致？
3. 实验中为何用镀铂黑电极？使用时的注意事项有哪些？

实验 31　阳极极化曲线的测定

阳极极化曲线是研究金属表面钝化现象、电化学腐蚀和防腐的重要手段，测定阳极极化曲线是进行阳极保护之前不可缺少的实验室研究步骤。根据实验得出的致钝电流密度、维钝电流密度和维钝电势区均可作为实施阳极保护的参考数据。

一、实验目的

(1) 熟悉 DJS-292 双显恒电位仪的使用。
(2) 了解极化曲线的物理意义。
(3) 观察和认识金属的钝化现象。

二、实验原理

当电极上无电流通过时，电极处于平衡状态，与之相对应的电势是平衡（可逆）电极电势。当电池或电解池在有限电流下工作时，电极上则发生不可逆反应，这时的电极电势称为不可逆电极电势，不可逆电极电势的大小与通过电极的电流密度有关。将电极在有限电流通过时，所表现出的电极电势偏离可逆电极电势的现象称作电极的极化。电极的不可逆电势与电流密度之间的关系曲线称为电极的极化曲线。当该电极作阳极时，则称阳极极化曲线。

有些金属作为阳极在某些化学介质中参与电解时，开始随着电势的增加，电流密度是上升的，阳极发生正常溶解。但当电势增至某一值时，电流密度反而急剧下降，阳极也几乎停止溶解，这种现象即为金属的钝化。

金属的钝化，在金属防腐及用作不溶性阳极时，正是人们所需要的。但在另外一些情况下却是有害的，如化学电源、电冶金中的可溶性电极。因此阳极极化曲线的测定是有实际意义的。

对于钝化金属用恒电势法测定的阳极极化曲线如图 31-1 所示。

由图可知，从 A 点至 B 点，电流密度 (i) 随电势 (E) 的增加而增加，此时金属处于活化状态，发生正常的阳极溶解。A、B 间范围称为活化区，A 点电势是金属的自然电势。从 B 点至 C 点，电流密度随电势的增加而急剧下降，金属转入钝化状态，此时金属表面逐渐生成了高电阻、耐腐蚀的钝化膜。B、C 间的范围称为钝化过渡区，B 点的电势称为致钝电势，它所对应的电流密度称为致钝电流密度。从 C 点至 D 点，虽电势增加，但是电流密度基本保持不变，只有一个很小的值，阳极几乎不溶解。C、D 间的范围称为钝化区，CD 段之间的电势称为维钝电势范围，对应 CD 段的电流密度称为维钝电流密度。D 点后，电流密度再次随电势增加而上升，同时有氧气析出，故该区称为析氧区。D、E 间的范围又称为超钝化区。

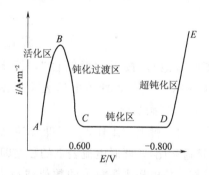

图 31-1 阳极极化曲线

用恒电势法测定极化曲线时，是控制研究电极的电势 E，依次在一系列给定值上测出各 E 值对应的电流密度 i，然后以 i 对 E 作图，得到极化曲线。

本实验若采用恒电流法，则极化曲线的 ABC 段将做不出来，故采用恒电势法测定阳极极化曲线。

三、仪器与试剂

1. 仪器

DJS-292 型双显恒电位仪（请参阅本书第三章中的仪器 5）1 台、碳钢电极（$\phi 15\text{mm}$，

表观面积 $1.766 \times 10^{-4} \mathrm{m}^2$) 1 支、铂电极 1 支、饱和甘汞电极 1 支、三口电解池 1 个。

2. 试剂

NH_4HCO_3 饱和溶液、浓氨水、稀硫酸。

四、实验步骤

1. 测定前的准备工作

(1) 开机前检查：按下"参比"按钮；"工作键""负载选择"弹出；"内给定电压选择"的所有按钮均弹出（已做好）。

(2) 打开电源开关，电压、电流显示为 0，电流选择为"100mA"（对于本实验整个过程始终用 100mA），预热 30min（在实验过程中每次读到的电流数据都必须乘以 100）。

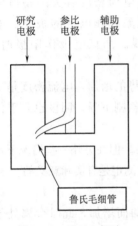

图 31-2 三口电解池

(3) 电极处理：用金相砂纸将碳钢电极擦至镜面呈光亮状，然后浸入稀 H_2SO_4 溶液中约 1min，取出用自来水洗净备用。将饱和 NH_4HCO_3 和浓氨水的混合液倒入三口电解池中（图 31-2）。

(4) 接线：将参比电极（甘汞电极）接到仪器参比接头上，辅助电极（铂电极）接到仪器的红线上，研究电极（碳钢电极）接在黑线上。研究电极的碳钢面中心与鲁氏毛细管的管口相距约 1mm，如图 31-2 所示。

2. 自然电势的测定

按下"参比"键，按下"工作键"（接通参比），电压表显示数据即为自然电势，其数值必须大于 0.8V，否则需将碳钢电极重新处理。

3. 调节给定电势等于自然电势

弹起"工作键"（断开参比），按下"负载选择"（接通模拟电解池），按下"恒电位"，按下"工作键"（接通参比），调节内给定电压选择的"0~1V"旋钮，使得电压表头数据等于自然电势。

4. 开始极化

(1) 弹起"工作键"（断开参比），弹起"负载选择"（接通电解池），按下"工作键"（接通参比），此时电流表上的数据即为自然电势下的电流（一般为零）。缓缓调节"0~1V"旋钮，使电压表头显示的数值减小 20mV，调节时一定要轻而慢，当电压为所需值时等待 30s，将显示的电压、电流数据记下。

(2) 依次减小 20mV，等待 30s，记下相应电流。当电极进入钝化区（0.5~0.6V），电流表显示小于 0.002 时，每次可以减小 100mV（电压调节不要太快，减小到 0 时，把"内给定电压选择"的"+/-"键按下，电压表上自然改变电压正负号）。每隔 100mV 测一次数据，当电压降至 -0.8V 时（此值一定要测），以后每次减少 20mV，直到电流值超过前面出现的最高点时停止实验。

5. 结束实验

弹出"工作键"，按下"参比"键，弹出"+/-"键，把"0~1V"旋钮逆时针旋到底。关闭电源开关，将电极用水洗净放入盒中（甘汞电极切记套上保护套）。将三口电解池洗净放入烘箱。

五、数据记录与处理

1. 数据记录

研究电极面积：1.766×10^{-4} m²，自然电势：_____，室温：_____

给定电势读数/V						
电流/A						
电流密度(i)/A·m⁻²						

2. 数据处理

（1）以电流密度 i 对给定电势 E 作图，绘出极化曲线。

（2）从曲线上求出碳钢的致钝电势、维钝电势范围和维钝电流密度（注意：求出的电势是给定电势，而不是阳极电势）。

六、参比电极的选择

作为参比电极应该电势重现性高，可逆性良好。常用的参比电极有氢电极、甘汞电极、氯化银电极、硫酸亚汞电极、氧化汞电极等。实际使用时，应根据被测电极中液相的性质和浓度，选择液相组成相同和相近的参比电极。例如，在 1mol·L⁻¹ KCl 标准溶液中可用 1mol·L⁻¹ 甘汞电极或氯化银电极；含 Br⁻ 溶液可用 AgBr 电极；含 SO_4^{2-} 溶液可用 Hg_2SO_4 电极；在碱性溶液中可用 HgO 电极等。常用参比电极的技术参数见表 31-1。

表 31-1 常用参比电极的技术参数

参比电极	电极符号	E(25℃)/V
标准氢电极	H⁺(1mol·L⁻¹)∣H₂(g,$p^\ominus$)∣Pt(s)	0.0000
饱和甘汞电极	KCl(饱和)∣Hg₂Cl₂(s)∣Hg(l)	0.2410
1mol·L⁻¹甘汞电极	KCl(1mol·L⁻¹)∣Hg₂Cl₂(s)∣Hg(l)	0.2799
0.1mol·L⁻¹甘汞电极	KCl(0.1mol·L⁻¹)∣Hg₂Cl₂(s)∣Hg(l)	0.3335
银-氯化银电极	KCl(0.1mol·L⁻¹)∣AgCl(s)∣Ag(s)	0.2900
氧化亚汞电极	KOH(0.1mol·L⁻¹)∣HgO(s)∣Hg(l)	0.1650
硫酸亚汞电极	H₂SO₄(1mol·L⁻¹)∣Hg₂SO₄(s)∣Hg(l)	0.6758

思考题

1. 什么是致钝电势？什么是维钝电流密度？
2. 测定阳极极化曲线为何用恒电势法而不用恒电流法？
3. 在本实验中，参比电极、辅助电极各起何作用？

实验 32　化学反应热力学函数的测定——电动势法

一、实验目的

（1）掌握用电化学方法测定化学反应的热力学函数，加深对可逆电池、可逆电极等概念的理解。

（2）掌握第二类电极——甘汞电极的性能。

二、实验原理

化学反应的 $\Delta_r H_m$、$\Delta_r G_m$、$\Delta_r S_m$ 等热力学函数可以用热化学法来测量，也可以用电化学方法来得到。由于电池的电动势可以测得很准，因此，所得数据较热化学方法所得的结果可靠，故许多化学反应的热力学数据来自电化学法。

本实验欲测定反应：

$$Zn(s) + Hg_2Cl_2(s) = ZnCl_2(0.1\,mol \cdot L^{-1}) + 2Hg(l)$$

的 $\Delta_r H_m$、$\Delta_r G_m$、$\Delta_r S_m$ 及 $Q_{r,m}$，因此把它设计成如下可逆电池：

$$Zn(s) | ZnCl_2(0.1\,mol \cdot L^{-1}) | Hg_2Cl_2(s) | Hg(l)$$

原电池在热力学可逆条件下进行时，可产生最大可逆功，在恒温恒压下，这个最大可逆功等于反应的摩尔吉布斯函数变 $\Delta_r G_m$，所以有如下关系：

$$\Delta_r G_m = W_{max} = -ZFE \tag{32-1}$$

根据吉布斯-赫姆霍兹公式：

$$T\left(\frac{\partial \Delta_r G_m}{\partial T}\right)_p = \Delta_r G_m - \Delta_r H_m \tag{32-2}$$

将式(32-1)代入式(32-2)，并整理后可得：

$$\Delta_r H_m = ZF\left[T\left(\frac{\partial E}{\partial T}\right)_p - E\right] \tag{32-3}$$

又知：

$$\Delta_r H_m = \Delta_r G_m + T\Delta_r S_m \tag{32-4}$$

将式(32-4)与式(32-3)比较又可得到如下关系：

$$\Delta_r S_m = ZF\left(\frac{\partial E}{\partial T}\right)_p \tag{32-5}$$

$$Q_{r,m} = ZFT\left(\frac{\partial E}{\partial T}\right)_p \tag{32-6}$$

式中 $\left(\frac{\partial E}{\partial T}\right)_p$——在恒压下，可逆原电池电动势的温度系数。

从式(32-1)、式(32-3)、式(32-5)可知，只要在恒压下，测定可逆电池在不同温度下的电动势，那么可逆电池反应的热力学函数变 $\Delta_r G_m$、$\Delta_r H_m$、$\Delta_r S_m$ 就可求得，而 $\Delta_r H_m$ 为该反应在无非体积功情况下进行反应时的恒压摩尔热效应 Q_p，而 Q_r 为原电池可逆放电时的化学摩尔反应热，并可根据式(32-6)的正、负来判断电池在可逆条件下放电时是吸热还是放热。

为了在接近于热力学可逆条件下测定原电池的电动势，本实验仍可采用对消法进行测量。

三、仪器与试剂

1. 仪器

玻璃恒温水浴、SDC-Ⅱ数字电动势综合测试仪、H 管、锌电极、甘汞电极。

2. 试剂

$Hg_2(NO_3)_2$ 饱和溶液、稀 H_2SO_4、$ZnCl_2$ 溶液（$0.1\,mol \cdot L^{-1}$）。

四、实验步骤

1. 实验操作

（1）开启恒温水浴槽。将温度控制器设定在比室温高 1~2℃，然后开启玻璃恒温水浴。

（2）锌电极的处理。用 0 号砂纸轻轻地把锌电极擦亮，然后插入稀 H_2SO_4 溶液中 1min

左右，取出用自来水洗净后，插入 $Hg_2(NO_3)_2$ 饱和溶液中 30s，使锌表面形成一层薄的 Zn-Hg 汞齐，以防止电极表面生成 $ZnCO_3·3Zn(OH)_2$ 薄膜而引起电极钝化。电极取出后，用滤纸轻轻拭擦，使汞齐化均匀（必须注意汞有剧毒，所用的滤纸应丢弃在指定的盛有水的容器中，绝不允许随便丢弃）。

（3）在干净的 H 管中（图 32-1）倒入 $0.1mol·L^{-1}$ $ZnCl_2$ 溶液，分别插入甘汞电极和锌电极，使之构成以下电池：

$$Zn(s)|ZnCl_2(0.1mol·L^{-1})|Hg_2Cl_2(s)|Hg(l)$$

（4）把原电池装置（图 32-1）放入恒温槽中，恒温 10min。

（5）将被测电池按"＋、－"极性与测量端子对应连接好。

（6）打开电动势综合测试仪预热，将"电位指示"置于 1.00000（教师已做好）。

（7）然后调节"检零调节"，使"检零指示"接近"0000"。

（8）将"测量选择"置于"测量"，依次调节"10^0～10^{-5}"六个大旋钮，使"检零指示"接近"0000"，此时"电位指示"值即为被测电动势值。

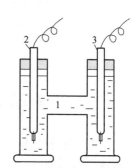

图 32-1 电池装置

1—$0.1mol·L^{-1}$ $ZnCl_2$ 溶液；
2—甘汞电极；3—锌电极

（9）将恒温槽温度升高 3℃，重复以上步骤，一共做六个温度，调节温度时必须使温度升高到设定值以后，再继续恒温 5min，才开始测量。

2. 注意事项

（1）甘汞电极内充液应在 2/3 以上，饱和甘汞电极还应有少量 KCl 晶体析出。

（2）甘汞电极的电势与温度有关，并有滞后效应，所以甘汞电极使用中要防止温度骤变。甘汞（Hg_2Cl_2）在高于 78℃ 时要分解，因此，甘汞电极只能在 0～70℃ 使用和保存。

（3）Zn 电极一定要先用砂纸抛光，再用稀 H_2SO_4 处理，最后汞齐化。

（4）汞齐化后，擦电极的滤纸一定要丢入指定的盛有水的容器内。

（5）使用甘汞电极时，要拔去电极头上的保护套。

（6）将甘汞电极插入电解池时要轻放，以免用力过猛撞破电极。

（7）恒温时间一定要有保证，即在恒温槽温度上升至预定温度后，再继续恒温 5min，使电池温度充分达到平衡。

（8）夹子与电极之间一定要夹好，以免接触不良影响实验结果。

（9）实验结束以后，仪器所有旋钮必须复原。

五、数据记录与处理

1. 数据记录

实验	1	2	3	4	5	6
$t/℃$						
T/K						
E/V						

2. 数据处理

作 E-T 图。在 30℃ 处作切线，求该点 $\left(\dfrac{\partial E}{\partial T}\right)_p$ 斜率的数值，并计算电池反应在 30℃ 的 $\Delta_r H_m$、$\Delta_r G_m$、$\Delta_r S_m$ 和 $Q_{r,m}$。

思考题

1. 锌电极为什么要汞齐化？
2. 测定可逆电池电动势为何要用对消法？

设计性实验

实验 33　电势-pH 曲线的测定及应用

一、实验设计要求

在掌握电极电势和 pH 值测定的基础上，设计合理的实验方案，测定 Fe^{3+}/Fe^{2+}-EDTA 配合体系在不同 pH 条件下的电极电势，绘制电势-pH 曲线；讨论电势-pH 图的物理意义和拓展应用；讨论采用 EDTA 配合铁盐法去除天然气中硫的原理及如何确定最适宜的操作条件。

二、仪器与试剂

1. 仪器

SDC-Ⅱ 数字型电动势综合测试仪（请参阅本书第三章中的仪器 4）、数字电位差计、数字电压表、酸度计、复合电极（玻璃电极和饱和甘汞电极）、氮气钢瓶、500mL 五口烧瓶（带恒温套）、电磁搅拌器、分析天平、电炉、温度计、滴管、铂丝电极、500mL 容量瓶。

2. 试剂

EDTA 二钠盐溶液（0.2000mol·L^{-1}）、$NH_4Fe(SO_4)_2$ 溶液（0.1000mol·L^{-1}）、$(NH_4)_2Fe(SO_4)_2$ 溶液（0.1000mol·L^{-1}）、HCl 溶液（4.0000mol·L^{-1}）。

三、实验设计提示

许多氧化还原反应的电极电势与溶液的 pH 值有关。对受溶液 pH 值影响的氧化还原体系而言，固定该氧化还原体系溶液的浓度而改变其 pH 值，测定体系电极电势与溶液的 pH 值，即可绘制出体系的等温、等浓度的电极电势-pH 曲线，简称电势-pH 曲线，如图 33-1 所示。

由图可知，Fe^{3+}/Fe^{2+}-EDTA 体系的电势-pH 曲线可分为 ab、bc 和 cd 段，bc 段电势与溶液的 pH 无关，而 ab 和 cd 段电势随溶液 pH 值的变化呈线性关系；该体系的电势-pH 曲线的意义可用能斯特（Nernst）方程来分析。

1. 高 pH 值区域

假定 EDTA 的阴离子为 Y^{4-}，在高 pH 值区域的 ab 段，溶液中的配离子为 $Fe(OH)Y^{2-}$ 和 FeY^{2-}，电极反应为：

$$Fe(OH)Y^{2-} + e^- \rightleftharpoons FeY^{2-} + OH^-$$

电极电势的能斯特（Nernst）方程如下：

$$\varphi = \varphi^{\ominus} - \dfrac{RT}{F}\ln\dfrac{a(FeY^{2-})a(OH^-)}{a[Fe(OH)Y^{2-}]} \tag{33-1}$$

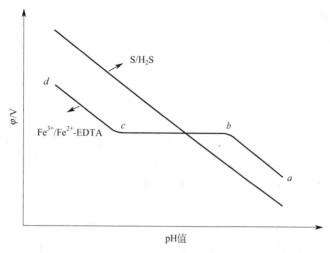

图 33-1 电势-pH 曲线示意图

式中，$\varphi^{\ominus}$ 为标准电极电势；a 为活度。

$$a = \gamma m \tag{33-2}$$

式中，m 为质量摩尔浓度。按照水的活度积 $K_w^{\ominus}$、pH 值的定义及式 (33-2)，可将式 (33-1) 写为：

$$\varphi = \varphi^{\ominus} - \frac{RT}{F}\ln\frac{\gamma(\text{FeY}^{2-})K_w^{\ominus}}{\gamma[\text{Fe(OH)Y}^{2-}]} - \frac{RT}{F}\ln\frac{m(\text{FeY}^{2-})}{m[\text{Fe(OH)Y}^{2-}]} - \frac{2.303RT}{F}\text{pH} \tag{33-3}$$

令 $b_1 = \dfrac{RT}{F}\ln\dfrac{\gamma(\text{FeY}^{2-})K_w^{\ominus}}{\gamma[\text{Fe(OH)Y}^{2-}]}$，在溶液离子强度和温度一定时，$b_1$ 为常数，

若 EDTA 大大过量，二价与三价铁配合物的浓度可视为配制溶液时铁离子的浓度，即 $m(\text{FeY}^{2-}) \approx m(\text{Fe}^{2+})$；$m[\text{Fe(OH)Y}^{2-}] \approx m(\text{Fe}^{3+})$。当 $m(\text{Fe}^{3+})$ 与 $m(\text{Fe}^{2+})$

$$\varphi = (\varphi^{\ominus} - b_1) - \frac{RT}{F}\ln\frac{m(\text{FeY}^{2-})}{m[\text{Fe(OH)Y}^{2-}]} - \frac{2.303RT}{F}\text{pH} \tag{33-4}$$

比例一定时，φ 与 pH 值呈线性关系（图中的 ab 段）。

2. 特定 pH 值区域

在特定的 pH 值范围内，Fe^{2+} 和 Fe^{3+} 与 EDTA 生成稳定的配合物 FeY^{2-} 和 FeY^{-}，配合物的电极反应为：

$$\text{FeY}^{-} + e^{-} \Longrightarrow \text{FeY}^{2-}$$

电极电势表达式为：

$$\begin{aligned}\varphi &= \varphi^{\ominus} - \frac{RT}{F}\ln\frac{a(\text{FeY}^{2-})}{a(\text{FeY}^{-})} = \varphi^{\ominus} - \frac{RT}{F}\ln\frac{\gamma(\text{FeY}^{2-})}{\gamma(\text{FeY}^{-})} - \frac{RT}{F}\ln\frac{m(\text{FeY}^{2-})}{m(\text{FeY}^{-})} \\ &= (\varphi^{\ominus} - b_2) - \frac{RT}{F}\ln\frac{m(\text{FeY}^{2-})}{m(\text{FeY}^{-})}\end{aligned} \tag{33-5}$$

式中，$b_2 = \dfrac{RT}{F}\ln\dfrac{\gamma(\text{FeY}^{2-})}{\gamma(\text{FeY}^{-})}$。

当温度一定时，b_2 为常数，在该 pH 值范围内，体系的电势仅与 $m(\text{FeY}^{2-})/m(\text{FeY}^{-})$ 的比值有关，即仅与配制溶液时 $m(\text{Fe}^{2+})/m(\text{Fe}^{3+})$ 的比值有关（图中的平台 bc 段）。

3. 低 pH 值区域

在低 pH 值区域，体系的电极反应为：

$$FeY^- + H^+ + e^- \rightleftharpoons FeHY^-$$

同理可得出：

$$\varphi = (\varphi^\ominus - b_3) - \frac{RT}{F}\ln\frac{m(FeHY^-)}{m(FeY^-)} - \frac{2.303RT}{F}pH \tag{33-6}$$

在 $m(Fe^{2+})/m(Fe^{3+})$ 不变时，φ 与 pH 值呈线性关系（图 33-1 中的 cd 段）。

因此，将体系（Fe^{3+}/Fe^{2+}-EDTA）与惰性金属（Pt 丝）组成一个电极，与参比电极（饱和甘汞电极）组成一个电池，测定电池的电动势；用酸度计测定溶液的 pH 值，即可绘制出电势-pH 曲线。

电势-pH 曲线在研究和指导涉及金属腐蚀、天然气脱硫、元素分离、湿法冶金等问题的工艺条件选择方面具有广泛的应用。本实验讨论的（Fe^{3+}/Fe^{2+}-EDTA）体系，可用于消除天然气中的有害气体 H_2S。对于天然气脱硫，在电势平台区的 pH 值范围内，$m(Fe^{2+})/m(Fe^{3+})$ 比值一定的脱硫液，其电极电势与反应 $S + 2H^+ + 2e^- \rightleftharpoons H_2S(g)$ 的电极电势之差（数值大小反映脱硫的热力学趋势大小）随 pH 值的增加而增大；但同时需要考虑铁配合物的稳定性。

实验 34　阳极极化曲线的影响因素考察

一、实验设计要求

在掌握恒电位法测定阳极极化曲线原理和实验方法的基础上，设计合理的实验方案，探究不同 pH 值、Cl^- 浓度、缓蚀剂等因素对碳钢电极极化的影响，讨论极化曲线在金属腐蚀和防护中的应用。

二、仪器与试剂

1. 仪器

DJS-292 型双显恒电位仪或电化学工作站 CHI660A、碳钢电极（ϕ15mm，表观面积 $1.766\times10^{-4}\ m^2$）、铂电极、饱和甘汞电极、三口电解池。

2. 试剂

H_2SO_4 溶液（$1.0000\ mol\cdot L^{-1}$、$0.1000\ mol\cdot L^{-1}$）、HCl 溶液（$1.0000\ mol\cdot L^{-1}$）、乌洛托品、硫脲、葡萄糖酸钠。

三、实验设计提示

在以金属做阳极的电解池中通入电流时，通常发生阳极的电化学溶解过程，如果阳极的极化程度不大，阳极溶解的速度随电势变正而逐渐增大，这是金属的正常阳极溶解过程。在特定的反应介质中，当电极电势正移到某一数值时，阳极溶解速度随电势变正反而大幅度降低，这种现象称为金属的钝化。影响金属钝化过程及钝化性质的因素，通常有以下几点：

1. 溶液的组成

溶液中存在的氢离子、卤素离子以及某些具有氧化性的阴离子，对金属的钝化有明显的影响。一般而言，在中性溶液中，金属比较容易钝化，而在酸性或某些碱性溶液中，钝化不容易进行，主要是溶液环境对阳极产物的溶解度的影响所致。溶液中存在的卤素离子，尤其

是 Cl^-，对金属的钝化过程有显著的阻滞作用；氧化性阴离子，如 CrO_4^{2-}，则可以促进金属的钝化作用。

2. 温度和搅拌

一般而言，温度升高和搅拌加剧，均可以提高离子的扩散速度，从而减轻和防止钝化过程的发生。

3. 金属的组成和结构

各种纯金属一般具有不同的钝化性能，以铁、镍、铬三种金属为例，铬最容易钝化，镍次之，铁的钝化能力最差。因此，在钢铁中添加铬、镍可以提高其钝化能力及钝化的稳定性。

4. 缓蚀剂

凡在介质中添加少量就能降低介质的腐蚀性、防止金属免遭腐蚀的物质，称为缓蚀剂，又称抑制剂。加入缓蚀剂后，金属腐蚀反应中的阴极反应或阳极反应或两者的反应速率均会减慢，其减慢的程度即为缓蚀效率。

实验 35　电导滴定法测定啤酒中 Cl^- 的含量

一、实验设计要求

在熟练掌握电导率仪测定电导率的实验技术的基础上，设计合理的实验方案，采用电导滴定法确定啤酒中 Cl^- 的含量；讨论电导滴定的原理和拓展应用，掌握用图解法确定电导滴定终点的方法和技术。

二、仪器与试剂

1. 仪器

DDS-307 型电导率仪、电导电极、微量滴定管（3mL，最小刻度 0.02mL）、吸管、容量瓶、烧杯、电磁搅拌器。

2. 试剂

市售啤酒、硝酸银标准溶液、氯化钠标准溶液、$0.1000 mol \cdot L^{-1}$ NaOH 标准溶液。

三、实验设计提示

在滴定过程中，离子浓度不断变化，电导率也不断变化，利用电导率变化的转折点确定滴定终点的分析方法称为电导滴定。电导滴定的优点是不需要指示剂，对有色溶液、沉淀反应和没有合适指示剂的系统都有较好的效果，并能自动记录数据。

Cl^- 影响啤酒的风味，由于啤酒本身有着很深的色泽，无法使用铬酸钾作指示剂来测定 Cl^-，可采用电导滴定法来测定啤酒中的 Cl^- 含量。

实验 36　氢超电势的测定及影响因素考察

一、实验设计要求

在掌握极化、超电势概念和极化曲线测定方法的基础上，设计合理的实验方案，实现"三电极法"测定不可逆电极的电极电势；测定所设计电极上的氢超电势，并通过图解计算出塔菲尔经验公式中的参数 a 和 b；设计实验方案考察影响氢超电势的因素并讨论其拓展应用。

二、仪器与试剂

1. 仪器

SDC-Ⅱ数字电动势综合测试仪（请参阅本书第三章中的仪器4）、电位差计、直流电源（带可调电位器）、H管电解池、毫安表、饱和甘汞电极、银电极、铑电极、钌电极、铂电极、钯电极、铜电极、自制盐桥、半电池管2根、烧杯。

2. 试剂

$0.1000 \text{mol} \cdot \text{L}^{-1}$ HCl溶液、饱和KCl溶液、β-萘酚溶液、磷酸。

三、实验设计提示

氢电极上的反应为：$2H^+(a_{H^+}) + 2e^- \rightleftharpoons H_2(g)$，当氢电极上没有电流通过时，氢离子和氢分子处于平衡状态，此时的电极电势即平衡电极电势，用 $\varphi_{可逆}$ 或 $\varphi_{平衡}$ 表示。当有电流通过时，氢离子不断在阴极上生成氢分子，因而电极电势随电流的增大越来越偏离平衡电势，表现为不可逆电极电势，用 $\varphi_{不可逆}$ 表示。当有电流通过电极时，电极电势偏离平衡电势的现象称为电极的极化。通常某一电流密度下的电极电势 $\varphi_{不可逆}$ 与 $\varphi_{平衡}$ 之间的差值称为超电势。由于超电势的存在，在实际电解时，电极上发生的一系列过程均需要克服额外的阻力（或势垒），消耗额外的能量。因此，要使正离子在阴极上析出，施加在阴极上的电势必须比可逆电极电势更低一些。电解时电流密度越大，超电势越大，则外加电压也相应增大，所消耗的能量也就越多。影响超电势的因素很多，如电极材料、电极的表面状态、电流密度、温度、电解质的组成、电解质的浓度等。

测定氢超电势，实际上是测定电极在不同电流密度下所对应的电极电势。电流与电极电势的关系曲线称为极化曲线。氢超电势与电流密度的定量关系可用塔菲尔经验公式表示，即：

$$\eta = a + b\ln j$$

式中，j 为电流密度；a、b 为相应电极系统的特征参数。

常数 a 的数值是电流密度 j 为 $1\text{A} \cdot \text{cm}^{-2}$ 时的超电势值。b 的数值对于大多数的金属来说都相差不大，在常温下接近 0.05V。a 的数值越大，氢超电势也越大，其不可逆程度也越大。b 的数值可通过以 η 对 $\ln j$ 作图得到，其斜率就是 b。

测量极化曲线有两种方法：恒电流法与恒电势法。本实验建议采用恒电流法，即在选定的一系列电流密度下，测量相应的电极电势值，再将其绘成相应的曲线图。研究氢超电势通常采用三电极方法，将辅助电极、参比电极和研究电极组成三电极系统，用对消法测量此电池的电动势，从而计算出研究电极的电极电势。辅助电极的作用是形成完整的电池闭合回路，以通过改变电流来改变研究电极的电极电势值。

实验37 难溶盐溶度积的测定——电导法

一、实验设计要求

在熟练掌握电导率仪测定电解质溶液电导的基础上，设计合理的实验方案，采用电导法测定 $BaSO_4$ 的溶度积；掌握用电导法测定难溶盐溶度积 $K_{sp}^{\ominus}$ 的方法。

二、仪器与试剂

1. 仪器

SLDS-Ⅰ数显电导率仪、恒温水槽、电导池、电导电极、电热套、锥形瓶。

2. 试剂

0.01mol·L^{-1} KCl 溶液、BaSO$_4$（A.R.）。

三、实验设计提示

利用电导法能方便地求出难溶盐的溶解度，进而得到其 $K_{sp}^{\ominus}$。BaSO$_4$ 的溶解平衡可表示为：

$$BaSO_4 \rightleftharpoons Ba^{2+} + SO_4^{2-}$$

$$K_{sp}^{\ominus} = \frac{c_{Ba^{2+}}}{c^{\ominus}} \times \frac{c_{SO_4^{2-}}}{c^{\ominus}} = \frac{c_{BaSO_4}^2}{(c^{\ominus})^2} \tag{37-1}$$

难溶盐 BaSO$_4$ 在水中的溶解度极小，其饱和溶液的电导率 κ（溶液）为 BaSO$_4$ 的电导率 κ(BaSO$_4$) 和所用水的电导率 κ(H$_2$O) 之和，即

$$\kappa(溶液) = \kappa(BaSO_4) + \kappa(H_2O) \tag{37-2}$$

由于 BaSO$_4$ 饱和水溶液的浓度很低，可近似看作无限稀释溶液。因此，难溶盐饱和溶液的摩尔电导率 Λ_m 可根据阴、阳离子的无限稀释摩尔电导率 Λ_m^{∞} 求和算出。

$$\Lambda_m(BaSO_4) \approx \Lambda_m^{\infty}(BaSO_4) = \Lambda_m^{\infty}(Ba^{2+}) + \Lambda_m^{\infty}(SO_4^{2-}) \tag{37-3}$$

根据 BaSO$_4$ 的摩尔电导率 Λ_m 与电导率 κ(BaSO$_4$)，可求出其饱和溶液浓度（$\Lambda_m = \kappa/c$），再利用式(37-1) 求出 $K_{sp}^{\ominus}$。

实验设计中应考虑引起电导率测定误差的因素，如：蒸馏水的电导率应小于 1×10^{-4} S·m^{-1}；要多次洗涤去除难溶电解质中可溶性离子杂质，直至电导率恒定为止。

实验38 难溶盐溶度积的测定——电动势法

一、实验设计要求

在掌握电动势测定原理及技术的基础上，设计原电池，采用电动势法测定难溶盐 AgCl 的溶度积 $K_{sp}^{\ominus}$。

二、仪器与试剂

1. 仪器

SDC-Ⅱ数字电动势综合测试仪、银电极、Ag-AgCl 电极、盐桥（NH$_4$NO$_3$）。

2. 试剂

0.10mol·L^{-1} KCl 溶液、0.10mol·L^{-1} AgNO$_3$ 溶液。

三、实验设计提示

$$AgCl \rightleftharpoons Ag^+ + Cl^-$$

$$K_{sp}^{\ominus} = a_{Ag^+} a_{Cl^-} = \gamma_{\pm, Ag^+} \frac{c_{Ag^+}}{c^{\ominus}} \gamma_{\pm, Cl^-} \frac{c_{Cl^-}}{c^{\ominus}} \tag{38-1}$$

根据 AgCl 的解离反应设计成电池（由于 $K_{sp}^{\ominus}$ 较小，逆向反应才能构成自发反应的原电池）。在平衡条件下测得该电池的电动势，并根据两种离子的平均离子活度系数（已知25℃时，0.10mol·L^{-1} 的 AgNO$_3$ 溶液中离子平均活度系数 $\gamma_{\pm}$ 为 0.734，0.10mol·L^{-1} 的 KCl 溶液离子平均活度系数 $\gamma_{\pm}$ 为 0.770）和浓度得到活度 a_{Ag^+} 和 a_{Cl^-}，可求得标准电池电动势 $E^{\ominus}$，进而计算得到其电离平衡常数：

$$E = E^{\ominus} + \frac{RT}{F} \ln \frac{1}{a_{Ag^+} a_{Cl^-}} \tag{38-2}$$

组装原电池过程中应注意使用盐桥连接不同电解质溶液，消除液接电势。为保证所测电动势准确，必须严格遵守电动势测试仪的使用方法。

实验 39　弱电解质电离常数的测定——电导法

一、实验设计要求

在熟练掌握电导率仪测定电解质溶液电导实验技术的基础上，基于弱电解质解离度与其溶液摩尔电导率的关系，设计合理的实验方案，测定弱电解质醋酸 HAc 的解离平衡常数 K_c；掌握用电导法测定弱电解质电离平衡常数的方法。

二、仪器与试剂

1. 仪器

SLDS-Ⅰ数显电导率仪、恒温水槽、电导池、电导电极、50mL 容量瓶、移液管。

2. 试剂

HAc（A.R.）。

三、实验设计提示

AB 型弱电解质在溶液中电离达到平衡时，电解质溶液的浓度 c、电离常数 K_c 和电离度 α 有如下关系：

$$K_c = \frac{c\alpha^2}{1-\alpha} \tag{39-1}$$

一定温度下 K_c 是常数，因此可以通过测定 AB 型弱电解质在不同浓度下的 α 代入式(39-1)求得。

在某浓度时弱电解质的电离度等于该浓度时摩尔电导率 Λ_m 与无限稀释摩尔电导率 Λ_m^∞ 之比。

$$\alpha = \frac{\Lambda_m}{\Lambda_m^\infty} \tag{39-2}$$

将 Λ_m 代入电离度和电离平衡常数 K_c 的关系式中，可以得到 $c\Lambda_m$ 与 $\frac{1}{\Lambda_m}$ 的线性关系式，直线斜率为 $(\Lambda_m^\infty)^2 K_c$。

弱电解质 HAc 的 Λ_m^∞ 可由氢离子和氯离子无限稀释水溶液中离子摩尔电导率相加得到，也可以由 HCl、NaCl、NaAc 的 Λ_m^∞ 的代数和计算得到。测定一系列不同浓度 HAc 溶液的电导率值 κ（溶液），可以得到相应的弱电解质电导率 κ（HAc），进而求得溶液浓度不同时 HAc 相应的摩尔电导率 $[\Lambda_m(HAc)=\kappa(HAc)/c(HAc)]$。

查表得 $\Lambda_m^\infty(HAc)$，依据所作直线的斜率即可求得解离平衡常数 K_c 的数值。

注意：实验中所测定溶液的电导率值为醋酸与水的电导率之和；每次测定前电导池和电极都要用少量待测液洗涤 2~3 次，以免影响实验结果。

实验 40　弱电解质电离常数的测定——电动势法

一、实验设计要求

在掌握原电池电动势测定原理和技术的基础上，设计合理的实验方案，利用醌氢醌电极和甘汞电极组装原电池,测定苯甲酸的电离常数 K_a。

二、仪器与试剂

1. 仪器

SDC-Ⅱ 数字电动势综合测试仪、恒温水槽、电导池、铂电极、饱和甘汞电极、KCl 盐桥、烧杯（100mL）、移液管（20mL）、碱式滴定管（50mL）。

2. 试剂

$0.01\text{mol}\cdot\text{L}^{-1}$ 苯甲酸溶液、$0.1\text{mol}\cdot\text{L}^{-1}$ NaOH 溶液、醌氢醌（$H_2Q\cdot Q$）。

三、实验设计提示

醌氢醌在水中的溶解度很小,只要将少量该化合物加入待测溶液中,插入铂电极就构成醌氢醌电极。电极反应为:

$$C_6H_5O_2 + 2H^+ + 2e^- \longrightarrow C_6H_5(OH)_2$$

酸性溶液中,醌和氢醌的浓度相等,稀溶液情况下活度系数均近似于 1,则该电极的电极电势 $E_{H_2Q\cdot Q}$ 为:

$$E_{H_2Q\cdot Q} = E^{\ominus}_{H_2Q\cdot Q} + \frac{RT}{2F}\ln a^2_{H^+} = E^{\ominus}_{H_2Q\cdot Q} - 2.303\frac{RT}{F}\text{pH} \tag{40-1}$$

温度一定时,饱和甘汞电极的电极电势为常数。因此,将待测溶液与醌氢醌混合作为阴极电解液,与饱和甘汞电极组装成电池,测得电池的电动势值,即可求得溶液的 pH 值。

$$\text{pH} = \frac{E^{\ominus}_{H_2Q\cdot Q} - E - E_{甘汞}}{2.303\frac{RT}{F}} \tag{40-2}$$

弱酸如苯甲酸在溶液中会发生电离:

$$C_6H_5COOH \rightleftharpoons C_6H_5COO^- + H^+$$

当溶液中离子浓度很小时,离子浓度 c 可近似视作活度 a,由浓度可得到解离平衡常数 K_a:

$$K_a = \frac{a_{Ac^-} a_{H^+}}{c_{HAc}} \approx \frac{c_{Ac^-} c_{H^+}}{c_{HAc} c^{\ominus}} \tag{40-3}$$

$$\text{pH} = \text{p}K^{\ominus}_a + \lg\frac{c_{Ac^-}}{c_{HAc} c^{\ominus}} \tag{40-4}$$

当电离平衡发生移动时,$\text{pH}-\lg\frac{c_{Ac^-}}{c_{HAc}}$ 线性相关,弱电解质和酸根离子的浓度可通过定量加入酸和定量加入 NaOH 进行调节,通过作图即可求得苯甲酸的解离常数 $K^{\ominus}_a$。

实验 41　电解质稀溶液中离子平均活度系数的测定——电动势法

一、实验设计要求

在掌握原电池电动势测定原理和技术的基础上,合理设计原电池,采用电动势法测定不同浓度 HCl 稀溶液的离子平均活度系数（$\gamma_\pm$），并计算 HCl 溶液的活度。

二、仪器与试剂

1. 仪器

SDC-Ⅱ数字电动势综合测试仪、超级恒温水槽、玻璃电极、饱和甘汞电极、盐桥、移液管。

2. 试剂

$0.1\,mol\cdot L^{-1}$ HCl 溶液。

三、实验设计提示

活度系数是为了表示真实溶液中组分浓度与理想溶液的偏差而引入的校正系数。对于电解质溶液，通过实验只能测量离子的平均活度系数 $\gamma_\pm$。将待测电解质参与反应的电极与参比电极组装成电池，可测得该电极的电极电势。根据能斯特方程，该电极的电极电势与电解质的活度直接相关。

$$E_{电极} = E_{电极}^\ominus - \frac{RT}{F}\ln a_{HCl} = E_{电极}^\ominus - \frac{RT}{F}\ln\left(\gamma_\pm \frac{b_\pm}{b^\ominus}\right)^2 \tag{41-1}$$

用对氢离子活度有电势响应的玻璃薄膜制成的膜电极称为玻璃电极，是常用的氢离子指示电极。玻璃电极的主要部分是一个玻璃泡，泡的下半部分是对 H^+ 有选择性响应的玻璃薄膜，泡内装有 $0.1\,mol\cdot L^{-1}$ 的 HCl 内参比溶液，并插入一支 Ag-AgCl 电极作为内参比电极，玻璃电极中内参比电极的电势是恒定的，与待测溶液的 pH 值无关。玻璃电极的电极电势可表示为

$$E_{玻璃} = E_{Ag/AgCl} + K + \frac{2.303RT}{F}\lg a_{HCl} + E_{液接} \tag{41-2}$$

式中，K 是玻璃膜电极内外膜表面性质决定的常数。

将玻璃电极与饱和甘汞电极组装成电池，对应于浓度为 b 的 HCl 溶液，溶液的平衡电极电势可以用下式表示：

$$E = E_{Hg/Hg_2Cl_2} - \left(E_{Ag/AgCl} + K + \frac{2.303RT}{F}\lg a_{HCl} + E_{液接}\right) \tag{41-3}$$

$$E = K' - \frac{2\times 2.303RT}{F}\lg\gamma_\pm - \frac{2\times 2.303RT}{F}\lg b \tag{41-4}$$

对于 1-1 价型的电解质极稀溶液，离子强度 I 与浓度 b 相等，根据休克尔公式，活度系数与电解质质量摩尔浓度的关系可由式(41-5) 表示：

$$\lg\gamma_\pm = -A\sqrt{b} \tag{41-5}$$

式中，A 为与温度和溶剂相关的常数。将式(41-5) 代入式(41-4) 中，可以得到：

$$E + \frac{2\times 2.303RT}{F}\lg b = K' + \frac{2\times 2.303RAT}{F}\sqrt{b} \tag{41-6}$$

配制不同浓度的 HCl 溶液，测得平衡电极电势，以 $\sqrt{b}$ 对 $\frac{2.303RT}{2F}\lg b$ 作图可得到直线方程。外推得到 K'，代入不同浓度对应的平衡电极电势值，可得到对应的 $\gamma_\pm$。

实验 42　电解质稀溶液中离子平均活度系数的测定——电导法

一、实验设计要求

在掌握电解质溶液电导测定技术的基础上，设计合理的实验方案，利用电导法，测定

25℃时 NaCl 稀溶液（0.01mol·L^{-1}、0.02mol·L^{-1}、0.03mol·L^{-1}、0.04mol·L^{-1}、0.05mol·L^{-1}）平均离子活度系数，进一步理解平均离子活度系数的概念；讨论溶液浓度对电解质稀溶液离子平均活度系数的影响。

二、仪器与试剂

1. 仪器

SLDS-Ⅰ数显电导率仪、恒温水槽、电导池、铂黑电导电极、铂电极、100mL容量瓶、移液管。

2. 试剂

0.50mol·L^{-1} NaCl 溶液（用基准 NaCl 配制）、0.1mol·L^{-1} KCl 溶液。

三、实验设计提示

由 Debye-Hückel 公式：

$$\lg f_{\pm} = -\frac{A|Z_+Z_-|\sqrt{I}}{1+Ba\sqrt{I}} \tag{42-1}$$

以及 Osager-Falkenagen 公式

$$\Lambda_m = \Lambda_m^{\infty} - \frac{(B_1\Lambda_m^{\infty}+B_2)\sqrt{I}}{1+Ba\sqrt{I}} \tag{42-2}$$

可以得到

$$\lg f_{\pm} = \frac{A|Z_+Z_-|\sqrt{I}}{B_1\Lambda_m^{\infty}+B_2}(\Lambda_m - \Lambda_m^{\infty}) \tag{42-3}$$

其中：$A = \frac{1.8246 \times 10^6}{(\varepsilon T)^{3/2}}$；$B_1 = \frac{2.801 \times 10^6 |Z_+Z_-|q}{(\varepsilon T)^{3/2}(1+\sqrt{q})}$；$B_2 = \frac{41.25(|Z_+|+|Z_-|)}{\eta(\varepsilon T)^{1/2}}$；

$q = \frac{|Z_+Z_-|}{|Z_+|+|Z_-|} \times \frac{\lambda_+^{\infty}+\lambda_-^{\infty}}{|Z_-|\lambda_+^0+|Z_+|\lambda_-^{\infty}}$。

式中　ε——溶剂的介电常数；

　　　η——溶剂的黏度；

　　　T——热力学温度；

　　　Λ_m^{∞}——电解质无限稀释摩尔电导率；

　　　Λ_m——电解质摩尔电导率；

　　　I——溶液的离子强度；

λ_+^{∞}、λ_-^{∞}——正、负离子的无限稀释摩尔电导率。

令 $a = \frac{A|Z_+Z_-|}{B_1\Lambda_0+B_2}(\Lambda_m - \Lambda_m^{\infty})$，则

$$\lg f_{\pm} = a\sqrt{I} \tag{42-4}$$

对于实用的活度系数 $\gamma_{\pm}$（电解质正、负离子的平均活度系数），则有：

$$f_{\pm} = \gamma_{\pm}(1+0.001\nu b M) \tag{42-5}$$

式中，M为溶剂的摩尔质量；ν为一个电解质分子中所含正、负离子数目的总和；b为电解质溶液的质量摩尔浓度。因此

$$\lg \gamma_{\pm} = \lg f_{\pm} - \lg(1+0.001\nu b M) \tag{42-6}$$

把式(42-4)代入式(42-6)中,得到:

$$\lg\gamma_\pm = a\sqrt{I} - \lg(1+0.001\nu bM) \tag{42-7}$$

可根据 NaCl 摩尔电导率的计算式(42-8)得到 Λ_m;测定不同浓度 NaCl 溶液的摩尔电导率值,可以由 Kohlraush 规则经验式(42-9)外推得到 Λ_m^∞,进而可以计算得到 a 的数值。

$$\Lambda_m = \frac{(\kappa_{溶液}-\kappa_{溶剂})\times 10^{-3}}{c} \tag{42-8}$$

$$\Lambda_m = \Lambda_m^\infty(1-\beta\sqrt{c}) \tag{42-9}$$

应用式(42-6)进一步计算即可得到平均离子活度系数。

表面与胶体

基础实验

实验 43 液体黏度的测定——奥氏黏度法

一、实验目的
(1) 学会使用奥氏黏度计测定液体的黏度。
(2) 进一步掌握调节恒温槽的技术。

二、实验原理

液体黏度的大小一般用黏度系数(η)来衡量。若液体在毛细管中流动,则根据泊肃叶公式可得:

$$\eta = \frac{\pi r^4 pt}{8VL} \tag{43-1}$$

式中 V——在时间 t 内流过毛细管的液体体积;
　　　p——管两端的压力差;$p=hg\rho$(h 为推动液体流动的液位差,ρ 为液体密度,g 为重力加速度);
　　　r——管半径;
　　　L——管长度。

按式(43-1)由实验来测定液体的绝对黏度是很困难的,但测定液体对标准液体的比黏度则是适用的,若已知标准液体的绝对黏度,则可算出另一液体的黏度。

这里主要介绍一下奥氏黏度计(图43-1)测定液体黏度的方法。

奥氏黏度计是毛细管黏度计的一种,适合测定低黏度液体。方法是用同一黏度计,分别测定两种液体在重力作用下流经同一毛细管,且流出体积相等时各自所需的时间:

$$\eta_1 = \frac{\pi r^4 p_1 t_1}{8VL} \quad \eta_2 = \frac{\pi r^4 p_2 t_2}{8VL} \tag{43-2}$$

从而 $\dfrac{\eta_1}{\eta_2} = \dfrac{p_1 t_1}{p_2 t_2}$

如果每次取样的体积一定，则可保持 h 始终一致，故有：

$$\frac{\eta_1}{\eta_2} = \frac{\rho_1 t_1}{\rho_2 t_2} \tag{43-3}$$

假如液体Ⅱ的黏度 η_2 为已知（通常用水），则液体Ⅰ的黏度 η_1 与 η_2 之比即 η_1/η_2（比黏度）可由式(43-3)计算得，同时求算 η_1，即：

$$\eta_1 = \eta_2 \frac{\rho_1 t_1}{\rho_2 t_2} \tag{43-4}$$

温度对液体黏度的影响很大，温度越高，黏度越低。测定某一温度下液体的黏度，必须注意控制恒温槽的温度恒定。

本实验以水为标准，测定相应温度下无水乙醇的黏度。

三、仪器与试剂

1. 仪器

恒温槽、奥氏黏度计（见图43-1）、移液管10mL、秒表、洗耳球。

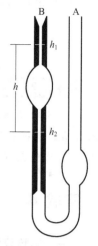

图 43-1 奥氏黏度计

2. 试剂

无水乙醇、蒸馏水。

四、实验步骤

（1）将恒温槽温度调至25℃。

（2）用移液管吸取无水乙醇10mL注入已洗净并烘干的奥氏黏度计A侧管底部，在黏度计B侧管上，套上橡皮管，用自由夹夹住A侧管，把黏度计浸入恒温槽中，恒温约10min。

（3）用洗耳球自橡皮管一端缓缓地吸无水乙醇到 h_1 刻度以上（注意：吸液时应避免有气泡产生），然后任其自由流下，记录液面流经 h_1、h_2 刻度所需的时间，直至三次误差范围在0.2s以内。

（4）取出黏度计，倾出其中的乙醇，倒入回收瓶中，将黏度计置于烘箱中烘干。

（5）用移液管吸取10mL蒸馏水于已干燥的黏度计中，同上法测定25℃时蒸馏水流经毛细管同样高度所需的时间。

（6）用相同的方法分别测出乙醇与蒸馏水在30℃时流经毛细管所需时间（注意：测量过蒸馏水的黏度计，需用回收乙醇润洗毛细管后，再放入烘箱干燥）。

五、数据记录与处理

1. 实验记录

流体流出时间记录

项目	无水乙醇		水	
温度	25℃	30℃	25℃	30℃
流出时间/s				
平均值/s				

2. 处理数据

（1）算出不同温度时乙醇对水的相对黏度 $\eta_{乙醇}/\eta_水$。

（2）由式（43-4）计算不同温度时乙醇的绝对黏度：

$$\eta_{乙醇} = \eta_{水} \times \frac{\rho_{乙醇}}{\rho_{水}} \frac{t_{乙醇}}{t_{水}}$$

思考题

1. 为什么在测量两种液体流经毛细管所需时间时，必须用同一奥氏黏度计？为什么加入标准物及被测物的体积应相同？

2. 为什么测定黏度时要保持温度恒定？

实验44 黏度法测定高聚物的平均摩尔质量——乌氏黏度法

一、实验目的

（1）掌握黏度法测定高聚物平均摩尔质量的原理和方法。
（2）学习乌氏黏度计的使用方法。

二、实验原理

单体分子经过加聚或缩聚过程，便可合成高聚物。高聚物聚乙二醇是由环氧乙烷和水或由乙二醇逐步加成聚合而得。由于聚合度可能不相等，高聚物分子大小也可以不同，其摩尔质量也不均一。所以高聚物的摩尔质量常指平均摩尔质量。高聚物的摩尔质量及其分布是高分子材料最基本的参数之一。许多重要的力学性能包括弹性、塑性、松弛、拉伸强度、冲击强度等都与摩尔质量有关。在研究高聚物反应机理和聚合物性能与结构的关系、控制聚合物反应条件等方面，摩尔质量的数据十分重要。因而，该数据是高聚物研究和生产中所必需的重要数据。

测定高聚物摩尔质量的方法有很多种，例如黏度法、沸点升高法、凝固点降低法、等温蒸馏法及渗透压法等。其中黏度法因其设备简单、操作方便、精度高，且适用于各种摩尔质量范围而应用广泛。

1. 高聚物的几种黏度

高聚物溶液的黏度是它在流动过程中内摩擦的反映。对于一定浓度的溶液，可以说是溶液在流动时内摩擦效应的总和，其中包括溶剂分子之间的内摩擦、溶质分子之间的内摩擦、溶质与溶剂分子之间的内摩擦三项之和。在相同温度下，一般溶液的黏度 η 大于纯溶剂的黏度 η_0。称 η 和 η_0 的比值为相对黏度 η_r，相对黏度的增加值为增比黏度 η_{sp}，即：

$$\eta_r = \frac{\eta}{\eta_0} \qquad (44-1)$$

$$\eta_{sp} = \frac{\eta - \eta_0}{\eta_0} = \eta_r - 1 \qquad (44-2)$$

可见，η_{sp} 意味着已扣除了溶剂分子之间的内摩擦效应。对于高分子溶液，η_{sp} 往往随着溶液浓度 c 的增加而增加。为了便于比较，将单位浓度下显示出的增比黏度，即 η_{sp}/c 称为比浓黏度。

高分子聚合物溶液的黏度主要取决于分子的大小、形状以及它与溶剂的相互作用。为了消除高聚物分子之间的内摩擦效应，将溶液浓度无限稀释，使得每个高聚物分子彼此相隔甚远，其溶质分子间相互作用可以忽略不计，这时溶液所呈现的黏度基本上反映了高聚物分子与溶剂分子之间的内摩擦。这一黏度的极限值为：

$$[\eta]=\lim_{c \to 0} \frac{\eta_{sp}}{c} \tag{44-3}$$

式中，c 为质量浓度，即 1L 溶液中溶质的质量，$g \cdot L^{-1}$；$[\eta]$ 为特性黏度，其值与浓度无关，单位为溶液质量浓度单位的倒数。

2. 高聚物平均摩尔质量的计算

实验证明，当聚合物、溶剂和温度确定以后，特性黏度 $[\eta]$ 的数值只与高聚物平均摩尔质量 $\overline{M}$ 有关，它们之间的半经验关系可以用 Mark Houwink 方程式表示：

$$[\eta]=K\overline{M}^{\alpha} \tag{44-4}$$

式中，K 为比例常数；α 是与分子形状有关的经验常数。它们都与温度、聚合物和溶剂性质有关，在一定的平均摩尔质量范围内可以认为是常数。聚乙二醇的 K 值和 α 值可以参照表 44-1。

表 44-1 聚乙二醇的 K 值和 α 值

$t/℃$	$K/m^3 \cdot kg^{-1}$	α	$\overline{M}$
25	1.56×10^{-4}	0.50	$190 \sim 1000$
30	1.25×10^{-5}	0.78	$2 \times 10^4 \sim 5 \times 10^6$
35	6.40×10^{-6}	0.82	$3 \times 10^4 \sim 7 \times 10^6$
40	1.66×10^{-5}	0.82	$400 \sim 4000$
45	6.90×10^{-6}	0.81	$3 \times 10^4 \sim 7 \times 10^6$

3. 高聚物溶液黏度的测定方法

测定高聚物溶液的黏度，最方便的方法是使用毛细管黏度计，通过测定一定体积的液体流经一定长度和半径的毛细管所需的时间而获得。当液体在重力作用下流经毛细管达到稳定时，遵循泊肃叶（Poiseuille）定律：

$$\eta = \frac{\pi p r^4 t}{8 l V} = \frac{\pi h g \rho r^4 t}{8 l V} \tag{44-5}$$

式中，η 为液体的黏度，$kg \cdot m^{-1} \cdot s^{-1}$；$p$ 为当液体流动时毛细管两端的压力差，等于液体密度 ρ、重力加速度 g 和流经毛细管体的平均液柱高度 h 三者的乘积，$kg \cdot m^{-1} \cdot s^{-2}$；$r$ 为毛细管半径，m；V 为流经毛细管液体体积，m^3；t 为 V 体积液体从毛细管中的流出时间，s；l 为毛细管的长度，m。

由于同一黏度计的 h、r、l、V 值固定，所以使用同一黏度计，在相同条件下测定两种液体的黏度时，它们的黏度之比可以表示为：

$$\frac{\eta_1}{\eta_2} = \frac{p_1 t_1}{p_2 t_2} = \frac{\rho_1 t_1}{\rho_2 t_2} \tag{44-6}$$

如果 η_1 为已知，则另一种未知液体的黏度 η_2 可以用公式求出。而在测定高聚物溶液的黏度时，如果溶液的质量浓度不大，溶液的密度与溶剂的密度可近似看做相同，所以

$$\eta_r = \frac{\eta}{\eta_0} = \frac{t}{t_0} \tag{44-7}$$

故只需分别测定高聚物溶液和溶剂在毛细管中的流出时间即可得相对黏度 η_r。

4. 外推法求高聚物特性黏度

实验证明在高聚物的稀溶液中，黏度与溶液质量浓度的关系符合下列方程：

$$\frac{\eta_{sp}}{c}=[\eta]+k[\eta]^2 c \tag{44-8}$$

$$\frac{\ln\eta_r}{c}=[\eta]-b[\eta]^2 c \tag{44-9}$$

在得到 η_r、η_{sp} 之后，分别以 $\dfrac{\eta_{sp}}{c}$ 和 $\dfrac{\ln\eta_r}{c}$ 对溶液的浓度 c 作图可以得到两条直线。将这两条直线延长并相交于纵坐标轴上同一点，该点的纵坐标值即为特性黏度 $[\eta]$，参考图 44-1。

三、仪器与试剂

1. 仪器

乌氏黏度计；玻璃恒温水浴；天平（0.0001g）；烧杯（100mL）；容量瓶（100mL）；洗耳球；刻度吸量管（10mL）；细口瓶（500mL）；细乳胶管；烧瓶夹；滴管；玻棒；秒表。

2. 试剂

聚乙二醇（A.R.）、正丁醇（A.R.）、蒸馏水。

四、实验步骤

1. 配制聚乙二醇溶液

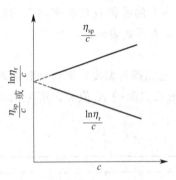

图 44-1　外推法求特性黏度

准确称取 4g 聚乙二醇置于 100mL 小烧杯中，加入 50mL 蒸馏水，稍加热使之溶解。待冷却至室温，加入 2 滴正丁醇作为消泡剂，此后转移至 100mL 容量瓶中定容。

2. 溶剂流出时间 t_0 的测定

调节玻璃恒温水浴温度至 25℃。参考图 44-2，用吸量管移取 10mL 蒸馏水注入乌氏黏度计 C 管中。在黏度计的 A、B 管口处分别套上一根细乳胶管。通过用烧瓶夹夹住 C 管的方式将黏度计置于恒温水浴中恒温，注意保持乳胶管不要进水，同时保证黏度计的 D 球浸没在水浴中，恒温 10min。尽量保持黏度计呈与桌面垂直的状态。

恒温后，夹住黏度计 B 管上方的乳胶管，同时在连接 A 管的乳胶管口用洗耳球慢慢抽气，将蒸馏水经由毛细管吸入 D 球容量的 1/2 处，注意不要在液柱中留有气泡。此后夹住 A 管上方的乳胶管，再松开 B 管上方的乳胶管使得 F 球处毛细管与下面的液柱断开。松开 A 管上方的乳胶管，让 A 管内的液体因重力作用而下落，用秒表记录液面流经 a、b 点所需的时间。重复测定三次，每次相差不超过 0.2s。测量完成后，倒掉黏度计内的蒸馏水，用少量无水乙醇润洗黏度计。此后取下乳胶管，将黏度计烘干。

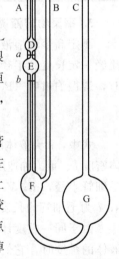

图 44-2　乌氏黏度计

3. 溶液流出时间 t 的测定

用吸量管移取 8mL 配制好的聚乙二醇溶液注入同一支乌氏黏度计 C 管中，此时溶液浓度为 c_1，恒温后用上述方法测定流出时间。此后用吸量管移取 2mL 蒸馏水注入 C 管，用洗耳球从 C 管鼓气搅拌，并从 A 管将溶液缓慢地吸到 D 球再流下数次，以使溶液与蒸馏水混合均匀，此时溶液的浓度为 c_2。恒温 10min 后，用同样的方法测定流出时间。此后再分别加入 2mL 蒸馏水 3 次，并分别测定其流出时间。

实验结束后，将乌氏黏度计清洗干净，并用少量乙醇润洗后烘干。

五、数据记录与处理

1. 数据记录

项目		流出时间/s				η_r	η_{sp}	$\dfrac{\eta_{sp}}{c}$	$\ln\eta_r$	$\dfrac{\ln\eta_r}{c}$
		测量值			平均值					
		1	2	3						
溶剂					$t_0=$					
溶液	$c_1=$				$t_1=$					
	$c_2=$				$t_2=$					
	$c_3=$				$t_3=$					
	$c_4=$				$t_4=$					
	$c_5=$				$t_5=$					

2. 作 $\dfrac{\eta_{sp}}{c}$-c 图和 $\dfrac{\ln\eta_r}{c}$-c 图，并外推至 $c=0$ 处，由截距求得特性黏度 $[\eta]$，如出现数据异常，则用 $\dfrac{\eta_{sp}}{c}$-c 图求截距。

3. 由式(44-4)求得聚乙二醇的平均摩尔质量。

思考题

1. 影响黏度测量准确性的因素有哪些？

2. 特性黏度 $[\eta]$ 就是溶液无限稀释时的比浓黏度，它和纯溶剂的黏度 η_0 是否一样？为什么要用 $[\eta]$ 来测定高聚物的平均摩尔质量？

实验45 液体表面张力的测定——拉环法

一、实验目的

（1）学习用拉环法测定液体的表面张力。

（2）学会使用表面张力测定仪。

二、实验原理

液体中各分子间相互吸引，在液体内部，每个分子受到各个方向的力是一样的，即受力平衡，靠近表面的分子则不同，液体内部对它的吸引力大于外部（通常指空气）对它的吸引力，故表面分子受到向内的拉力，表面产生自动缩小的趋势。要扩大液体表面，即把一部分分子从内部移到表面上就必须对抗拉力而做功。在等温等压下，增加单位表面积所需的功称表面自由能，单位为 N·m^{-1}。即沿着液体表面，垂直作用于单位长度上的紧缩力，定义为表面张力，用 σ 表示。

在液体中浸入一个由润湿材料制成的圆环。用力将环从表面上拉起，测量出环刚刚拉离表面时所需的力 f。此时，表面张力作用于环上的力等于表面张力乘以环与液面相接触的总长度，方向与拉力相反（注意：由于液体与环的内边和外边都接触，则总长度为圆环内边周长与圆环外边周长之和）。即：

$$f=\sigma\pi(D_1+D_2) \tag{45-1}$$

$$\sigma = \frac{f}{\pi(D_1+D_2)} \tag{45-2}$$

式中 σ——液体的表面张力；

D_1——圆环的外径；

D_2——圆环的内径。

三、仪器与试剂

1. 仪器

FD-NST-Ⅰ型液体表面张力测定仪（请参阅本书第三章中的仪器9）。

2. 试剂

无水乙醇（A.R.）。

四、实验步骤

（1）开机预热15min。注意：仪器由指导教师提前校正好。已校正好后，学生请勿旋转面板上的调零旋钮。

（2）在玻璃器皿内放入乙醇，高度约2cm，然后放到升降台上。

（3）把吊环挂到力敏传感器的挂钩上，调节好传感器和升降台的高度，使吊环能浸入乙醇约一半高度，应该使吊环处于静止状态。

（4）旋转升降螺丝，使升降台下降，慢慢让吊环脱离液面，在这过程中可以观察到仪器电压表数值的变化。注意：调节速度不宜快，尤其在吊环快要脱离液面的时候，数值变化以一个单位为好，等到吊环完全脱离液面，这时候记下脱离前后电压的两个数值。脱离前的数值为 U_1，脱离后的瞬间数值为 U_2。

五、数据记录与处理

1. 数据记录

室温：＿＿＿＿

次 数	U_1	U_2	$U_1 - U_2$	$\overline{U_1 - U_2}$
1				
2				
3				

2. 数据处理

（1）计算拉力值 f：

$$f = \frac{(U_1-U_2)g}{B} = (U_1-U_2) \times \frac{9.794}{29.23} (\text{mN}) \tag{45-3}$$

（2）由式(45-2)计算液体的表面张力 σ。已知圆环的外径 $D_1=3.500$cm，内径 $D_2=3.286$cm，则：

$$\sigma = \frac{f}{\pi \times (3.500+3.286) \times 10^{-2}} = \frac{100f}{\pi \times 6.786}$$

思考题

1. 什么是液体的表面张力？哪些因素会影响表面张力？
2. 在拉环法测液体的表面张力的实验中，为确保实验准确，应注意什么？
3. 为何要对表面张力仪读数进行校正？

实验46 液体表面张力的测定——滴重法

一、实验目的
学会用滴重计测定液体的表面张力。

二、实验原理
在垂直安置的毛细管中的液体,当它受重力作用下流时,同时受到管端向上表面张力的作用,因而液滴不致很快脱离管口,当液滴慢慢增大,其质量也逐渐增加,当液滴增重到不能与其表面张力所抗衡时,它就会脱离管口而落下,如图46-1所示。液体的表面张力越大,则每一滴的质量也越大,当液滴的质量达最大而落下时,可认为这时重力与表面张力相等,即:

$$mg = 2\pi r\sigma \tag{46-1}$$

式中 m——液滴质量;
g——重力加速度;
r——管端半径;
σ——表面张力。

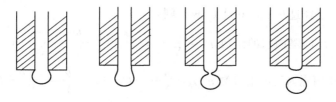

图46-1 液滴下落时的放大图

如果用同一毛细管测两种液体;两种液体的表面张力,液滴质量各不相同,则:

$$m_1 g = 2\pi r\sigma_1 \tag{46-2}$$
$$m_2 g = 2\pi r\sigma_2 \tag{46-3}$$

若用同一毛细管,让两种液体流经同一体积,则由于表面张力的不同,相同体积内滴数也不同。故:

$$m_1 n_1 = V\rho_1 \tag{46-4}$$
$$m_2 n_2 = V\rho_2 \tag{46-5}$$

式中 n_1,n_2——两液体滴数;
ρ_1,ρ_2——两液体的相对密度。

对比上述两组公式,则得:

$$\frac{\sigma_1}{\sigma_2} = \frac{m_1}{m_2} = \frac{\rho_1 n_2}{\rho_2 n_1} \tag{46-6}$$

若已知两液体的密度和一种液体的表面张力 σ_1,则通过实验测得 n_1、n_2 后,可求出另一液体的表面张力 σ_2。

三、仪器与试剂
1. 仪器
滴重计、铁架、小烧杯。

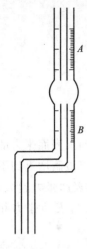

图 46-2 滴重计

2. 试剂

蒸馏水、无水乙醇（A.R.）。

四、实验步骤

（1）按图 46-2 所示将滴重计垂直装好，用待测液淋洗滴重计三次。

（2）将水吸入滴重计至刻度 A 以上，先观察每一滴液体落下后，液面在毛细管中移动了多少刻度，即为 X。

（3）重新将水吸至刻度 A 以上，当液面流经刻度 A 时开始读滴数，记录液面经刻度 A、B 间隔内的滴数（注意：第一滴和最后一滴不可能正好是完整的一滴，因此，当液面流经刻度 A 到第一滴落下，要记下所走过的刻度，当液面经过刻度 B 到最后一滴落下，也要记下所走过的刻度），最后准确算出刻度 A、B 间的滴数。

（4）重复测三次，各次相差不应超过一滴。

（5）照上法再测定无水乙醇溶液的滴数（滴重计应先用无水乙醇淋洗三次）。

五、数据记录与处理

1. 数据记录

假定一滴水为 X 格，一滴乙醇为 Y 格，液体流经刻度 A 到第一滴落下经过 a 格，从刻度 B 到最后一滴落下经过 b 格，共计 C 滴。则：

A、B 间隔内水的滴数 $n_{水}=\dfrac{a}{X}+(C-1)-\dfrac{b}{X}=\dfrac{a-b}{X}+C-1$

A、B 间隔内乙醇的滴数 $n_{乙醇}=\dfrac{a}{Y}+(C-1)-\dfrac{b}{Y}=\dfrac{a-b}{Y}+C-1$

查表得室温下：$\sigma_{水}=$ _____，$\rho_{水}=$ _____，$\rho_{乙醇}=$ _____

蒸馏水	$n_{水}$	无水乙醇	$n_{乙醇}$
第一次		第一次	
第二次		第二次	
第三次		第三次	
$\bar{n}_{水}$		$\bar{n}_{乙醇}$	

2. 数据处理

计算室温下，无水乙醇的表面张力：

$$\sigma_{乙醇}=\sigma_{水}\dfrac{\rho_{乙醇}}{\rho_{水}}\dfrac{n_{水}}{n_{乙醇}}$$

思考题

分析本实验产生误差的原因。

实验 47 胶体的制备及电泳速率的测定

一、实验目的

（1）利用化学反应凝聚法制备胶体，并将其用半透膜渗析法纯化。

(2) 利用不同电解质进行胶体聚沉值的测量。

(3) 测定溶胶的电泳速率,并计算胶粒的 ζ 电势。

二、实验原理

胶体分散体系是指分散相的粒径在 1~1000nm 的分散体系。

胶粒表面由于离解或吸附离子而带电荷,在胶粒附近的介质中必定分布着与胶粒表面电性相反而电荷数相等的离子。因此胶粒表面和介质间就形成一定的电势差。由于胶粒周围有一定厚度的吸附层,称为溶剂化层,它与胶粒一起运动,由溶剂化层到均匀液相内部(此处电势等于 0)的电势差,叫做电动电势或 ζ 电势。ζ 电势是表征胶体特性的重要物理量之一,在研究胶体性质及实际应用中起着重要作用。

1. 胶体的制备方法

要制备粒子大小在胶体范围内的分散体系,通常有分散法和凝聚法两个基本途径。分散法是利用机械设备将粗分散的物料分散成胶体。而凝聚法与分散法相反,凝聚法是由分子(原子或离子)的分散状态凝聚为胶体状态的方法。本实验采用化学凝聚法,该法利用各种化学反应生成不溶性产物,在这种不溶性化合物从饱和状态析出的过程中,保证粒子为胶体颗粒。凡生成不溶物的复分解、水解、氧化还原等反应,皆可用来制备溶胶。

$Fe(OH)_3$ 溶胶是利用 $FeCl_3$ 溶液在沸水中进行水解反应制备而成的。反应式如下:

$$FeCl_3 + 3H_2O \longrightarrow Fe(OH)_3 + 3HCl$$

部分反应: $\quad Fe(OH)_3(溶胶) + HCl \Longleftrightarrow FeOCl + 2H_2O$

再电离: $\quad FeOCl \Longleftrightarrow FeO^+ + Cl^-$

由于水解进行得不完全,溶液中还存在着少量 Fe^{3+} 和 Cl^-,它们起着稳定剂的作用。由 n 个 $Fe(OH)_3$ 分子聚集成的固体粒子选择性地吸附了 Fe^{3+} 组成胶核,再由静电作用吸引了溶液中的导电离子(Cl^-),形成紧密层,胶核与紧密层共同称为胶粒,并吸引介质中的异电离子而形成扩散层,胶粒与扩散层一起构成胶团。$Fe(OH)_3$ 溶胶胶团的双电层结构示意图如下:

$$\underbrace{\{\underbrace{[Fe(OH)_3]_m \cdot nFe^{3+} \cdot 3(n-x)Cl^-}_{\text{胶核}}\}^{3x+} \cdot 3xCl^-}_{\text{胶团}}}_{\text{胶粒}}$$

制成的胶体体系中常有其他杂质存在,而影响其稳定性,因此必须纯化。常用的纯化方法是半透膜渗析法。

2. 舒尔策-哈迪规则

胶体稳定的原因是胶体表面带有电荷以及胶粒表面溶剂化层的存在。当胶体中加入电解质后能使其聚沉,起决定性作用的主要是与胶粒带相反电荷的离子,称为反离子。一般来说,反离子的聚沉能力为:

$$三价 > 二价 > 一价$$

但不是简单的比例关系。聚沉能力的大小通常用聚沉值表示,聚沉值是使胶体发生聚沉时,需要电解质的最小浓度值,其单位用 $mol \cdot L^{-1}$ 表示,聚沉能力为聚沉值的倒数。电解质对胶体的聚沉能力与其中所含胶体的反离子的价数的 6 次方成正比。

聚沉能力：

$$三价：二价：一价 = 3^6：2^6：1^6$$

这个比例称为舒尔策-哈迪规则。这个规则表明，胶体的反离子的价数越高，它的聚沉能力就越强。不论是具有正电荷，还是负电荷的胶体，这个规则都适用。

3. 电泳及电泳速率

在胶体分散体系中，由于胶体本身的电离或胶粒对某些离子的选择性吸附，使胶粒的表面带有一定的电荷。在外电场的作用下，胶粒向异性电极定向移动，这种胶粒向正极或负极移动的现象称为电泳。发生相对移动的界面称为切动面，切动面与液体内部的电势差称为电动电势或 ζ 电势，电动电势的大小直接影响胶粒在电场中的移动速率。原则上，任何一种胶体的电动现象都可以用来测定电动电势，其中最方便的是用电泳现象中的宏观法来测定，也就是通过观察胶体与另一种不含胶粒的导电液体的界面在电场中的移动速率来测定电动电势。电动电势 ζ 与胶粒的性质、介质成分及胶体的浓度有关。

在电泳仪两极间接上电势差 U（V）后，在 t（s）时间内胶体界面移动的距离为 d（m），即胶体电泳速率 v（m·s^{-1}）为：

$$v = \frac{d}{t} \tag{47-1}$$

相距为 L（m）的两极间的电位梯度平均值 H（V·m^{-1}）为：

$$H = \frac{U}{L} \tag{47-2}$$

如果辅助液的电导率 $\bar{\kappa}_0$ 与溶胶的电导率 $\bar{\kappa}$ 相差较大，则在整个电泳管内的电势差是不均匀的，这时需用下式求 H：

$$H = \frac{U}{\frac{\bar{\kappa}}{\bar{\kappa}_0}(L - L_K) + L_K} \tag{47-3}$$

式中　L_K——胶体两界面间的距离。

从实验求得胶粒电泳速率后，可按下式求 ζ（V）电势：

$$\zeta = \frac{K\pi\eta}{\varepsilon H} \cdot v \tag{47-4}$$

式中　K——与胶粒形状有关的常数，对于球形粒子 $K = 5.4 \times 10^{10}$ V^2·s^2·kg^{-1}·m^{-1}，对于棒形粒子 $K = 3.6 \times 10^{10}$ V^2·s^2·kg^{-1}·m^{-1}，本实验胶粒为棒形；

　　　η——介质的黏度，kg·m^{-1}·s^{-1}；

　　　ε——介质的介电常数。

三、仪器与试剂

1. 仪器

电泳仪或 0~300V 直流稳压电源，DDS-307 型电导率仪，超级恒温水浴槽，电泳管，铂电极，秒表，漏斗，锥形瓶（50mL、250mL），烧杯（250mL、500mL），量筒 100mL，移液管（1mL、10mL），滴定管 25mL，容量瓶 100mL，火棉胶。

2. 试剂

$FeCl_3$ 溶液（10%）、KCNS 溶液（1%）、$AgNO_3$ 溶液（1%）、KCl 溶液（0.1mol·L^{-1}、0.5mol·L^{-1}）、K_2SO_4 溶液 0.01mol·L^{-1}、$K_3Fe(CN)_6$ 溶液 0.001mol·L^{-1}。

四、实验步骤

1. Fe(OH)$_3$ 胶体的制备及纯化

(1) 半透膜的制备。在一个内壁洁净、干燥的 250mL 锥形瓶中，加入约 30mL 火棉胶液，小心转动锥形瓶，使火棉胶液粘附在锥形瓶内壁上形成均匀薄层，倾出多余的火棉胶。此时锥形瓶仍需倒置，并不断旋转，待剩余的火棉胶流尽，使瓶中的乙醚蒸发至闻不出气味为止（此时用手轻触火棉胶膜，已不粘手）。慢慢注水于胶膜与瓶壁之间，使膜脱离瓶壁，轻轻取出，在膜袋中注入水，观察是否有漏洞。制好的半透膜不用时，要浸泡在蒸馏水中。

(2) 用水解法制备 Fe(OH)$_3$ 胶体。在 200mL 烧杯中，加入 95mL 蒸馏水，加热至沸腾，慢慢滴入 5mL 10% FeCl$_3$ 溶液，并不断搅拌，加完后继续保持沸腾 3~5min，即可得到红棕色的 Fe(OH)$_3$ 胶体。在胶体体系中存在的过量 H^+、Cl^- 等离子需要除去。

(3) 用热渗析法纯化 Fe(OH)$_3$ 胶体。将制得的 Fe(OH)$_3$ 胶体，注入半透膜内，用线拴住袋口，置于 500mL 的清洁烧杯中，杯中加蒸馏水约 300mL，维持温度在 60℃左右，进行渗析。每隔 20min 换一次蒸馏水，四次后取出 1mL 渗析水，分别用 1% AgNO$_3$ 及 1% KCNS 溶液检查是否存在 Cl^- 及 Fe^{3+}，如果仍存在，应继续换水渗析，直到检查不出为止，将纯化过的 Fe(OH)$_3$ 胶体移入一清洁干燥的 100mL 小烧杯中待用。

2. 不同电解质的聚沉值的测定

用 10mL 移液管在三个干净的 50mL 锥形瓶中各注入 10mL 前面用水解法制备的 Fe(OH)$_3$ 溶胶，然后在每个瓶中分别用滴定管一滴一滴缓慢加入 0.5mol·L^{-1} KCl、0.01mol·L^{-1} K$_2$SO$_4$、0.001mol·L^{-1} K$_3$[Fe(CN)$_6$] 溶液，不断摇动。每加一滴要充分摇动，至少 1min 内溶液不出现混浊才可以加第二滴电解质溶液。因胶体开始聚集时，胶粒数目的变化只能通过显微镜才能看到，而达到肉眼能看到的混浊现象不是立即发生的，所以要等一段时间后才能加第二滴。注意：在开始有明显聚沉物出现时，即停止加入电解质。

3. 测定 Fe(OH)$_3$ 胶体的电泳速率

(1) KCl 辅助液的制备：调节恒温槽温度为 25.0℃，用电导率仪测定 Fe(OH)$_3$ 溶胶在 25℃时的电导率，然后用 0.1mol·L^{-1} KCl 溶液和蒸馏水配制辅助液，使辅助液电导率为胶体电导率的 1/6~1/4。

(2) 仪器的安装：用蒸馏水洗净电泳管后，再用少量胶体洗 2~3 次，将渗析好的 Fe(OH)$_3$ 胶体用漏斗倒入电泳管中，见图 47-1，使液面超过两电极管带刻度部分。用长滴管缓慢在两液面上方加入辅助液至支管口，并把电泳仪固定在支架上，插入铂电极，按装置连接好线路。

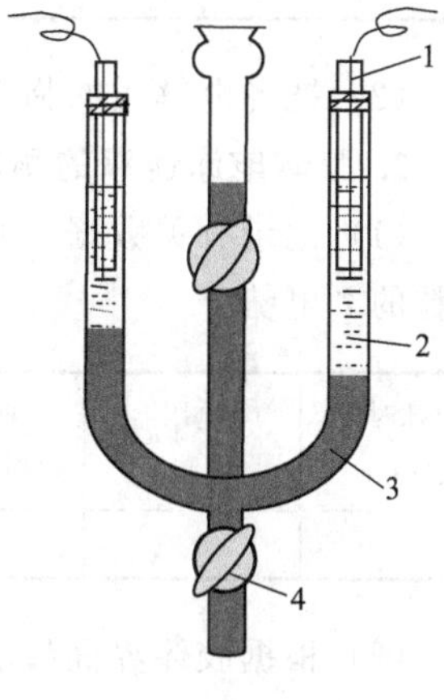

(3) 胶体电泳的测定。接通直流稳压电源，迅速调节输出电压为 150V。并同时计时和准确记下一侧胶体在电泳管中的位置，约 30min 后断开电源，记下准确的通电时间 t 和胶体面上升的距离 d，从伏特计上读取电压 U，并且量取两极之间的距离 L。

实验结束后，拆除线路。用自来水清洗电泳管多次，最后用蒸馏水洗一次。

图 47-1 电泳仪
1—铂片电极；2—辅助液；
3—Fe(OH)$_3$ 胶体；4—活塞

4. 注意事项

（1）用 10% $FeCl_3$ 溶液水解制备 $Fe(OH)_3$ 胶体时，$FeCl_3$ 溶液应逐滴加入沸腾的蒸馏水中并不断搅拌，加完后根据情况可适当延长煮沸时间。制得的胶体不能长时间存放，若底部有沉淀物应除去。用火棉胶制作半透膜，渗析 1~2 天，其间需经常换蒸馏水。热渗析可加快渗析过程。还可配合加入尿素，缩短渗析时间。不过，渗析也宜适当，渗析过分，没有足够量的反离子保障胶体的电学稳定性，胶体反而易聚沉。

（2）电泳仪应洗净，避免因杂质混入电解质溶液而影响胶体的 ζ 电势，甚至使胶体聚沉。

（3）辅助液的选择和配制对结果的准确性也有较大影响。如辅助液（本实验为稀 KCl 溶液）的电导率与胶体的电导不一致，电泳时胶体部分与辅助液部分的电势梯度就不同，ζ 电势的计算公式就不能适用。理论分析和经验均表明：若辅助液与胶体电导不同，在界面处的电场强度发生突变，实验时就产生界面在其中一管中上升的距离不等于在另一管中下降的距离的现象，如辅助液电导过大，会使界面处胶体发生聚沉。

（4）实验过程中，施于两极电压的稳定性必须随时检查，予以保证。

（5）测量两电极的距离时，要沿电泳管的中心线测量。

五、数据记录与处理

1. 不同电解质的聚沉值

（1）详细观察实验中的各个现象，记录下每次滴加电解质所用的毫升数以及各电解质产生聚沉时的体积。计算聚沉值的大小。说明胶体带什么电？与理论值比较，说明什么问题。

电 解 质	电解质浓度	所用电解质溶液的体积
KCl		
K_2SO_4		
$K_3[Fe(CN)_6]$		

（2）把各电解质的临界聚沉浓度作简单比较，考察是否符合舒尔策-哈迪规则。

2. 胶体电泳速率的测定

（1）记录有关数据，并由式（47-1）计算电泳速率 v，再由式（47-2）~式（47-4）计算出胶粒的 ζ 电势。

电泳时间 (t)/s	电压 (U)/V	两极间距离 (L)/cm	溶胶两界面间距离 (L_K)/cm	溶胶的电导率 $(\bar{\kappa})$/S·cm^{-1}	辅助液电导率 (κ_0)/S·cm^{-1}	溶胶界面移动距离 (d)/cm

（2）根据胶体界面移动的方向说明胶粒带何种电荷，写出胶团结构。

思考题

1. 写出 $FeCl_3$ 的水解反应式，解释 $Fe(OH)_3$ 溶胶带何种电荷？
2. 电泳实验中辅助液的选择应根据哪些条件？
3. 电泳速率的快慢与哪些因素有关？
4. 为什么长时间渗析对胶体有不利影响？

实验 48 沉降分析——离心力场法

一、实验目的
(1) 了解 WQL (LKY-2) 微粒度测定仪的工作原理及使用方法。
(2) 用粒度仪测定涂料样品的粒度分布情况。

二、实验原理
该方法是基于固体颗粒的离心沉降和光透射原理来测定颗粒的粒度大小及分布,它以 Stokes 定律和 Lambert-Beer 定律为基础,可采用恒速或变速测定方式。用计算机控制整个测试过程,具有快速、宽域、重复性好、操作简便等特点。

1. 离心力场沉降原理

实验采用离心圆盘,其扇形截面如图 48-1 所示:液面 (s) 与测量点 (r) 之间为沉降区。与颗粒在重力场中受到重力作用相似,惯性离心力场中颗粒在径向上受到三个力的作用:离心力、向心力和阻力。在雷诺数 $Re<0.2$ 的层流区中,球形单颗粒受到的阻力满足 Stokes 阻力公式。则根据牛顿第二定律得:

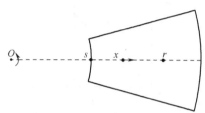

图 48-1 离心圆盘颗粒沉降示意图

$$\frac{\pi}{6}\rho_s D^3 \frac{d^2 x}{dt^2} = \frac{\pi}{6}\rho_s D^3 \omega^2 x - \frac{\pi}{6}\rho_f D^3 \omega^2 x - 3\pi D\eta \frac{dx}{dt} \quad (48\text{-}1)$$

     合力   离心力   向心力   阻力

当式(48-1)左端合力等于零时,可得离心力场中颗粒的沉降速度为:

$$\frac{dx}{dt} = KD^2 x \quad (48\text{-}2)$$

其中:

$$K = \frac{(\rho_s - \rho_f)\omega^2}{18\eta} \quad (48\text{-}3)$$

将式(48-2)两边积分:

$$\int_x^r \frac{dx}{x} = \int_0^t KD^2 dt$$

得:

$$\ln\left(\frac{r}{x}\right) = KD^2 t \quad (48\text{-}4)$$

设悬浮液中有 n 种粒径的颗粒,其粒径为 D_i, $i \in [1, n]$,且由小到大排列,即 $D_1 < D_2 < \cdots < D_i < \cdots < D_n$。由式(48-4)可计算粒径为 D_i 的颗粒从表面 s 处运动至测量点 r 处所需的时间 t_i:

$$t_i = \ln\left(\frac{r}{s}\right) \Big/ KD_i^2 \quad (48\text{-}5)$$

由上式可知时间 t_i 与颗粒粒径 D_i 是一一对应的,并且 $t_1 > t_2 > \cdots > t_i > \cdots > t_n$。据不同时刻光强度的变化,可得不同的沉降时间所对应的粒径,由此得到样品的粒度分布。

2. 沉降曲线

沉降曲线是表示颗粒沉降量 P 与相应沉降时间 t 之间的关系曲线。对于只含一种直径颗粒的体系，沉降曲线的形成如图 48-2 所示，OA 段表示颗粒的沉降阶段，至 A 点时颗粒全都沉降完毕，P 不再改变（$P=P_1$）。所以，A 点后呈平行于 t 轴的直线。

对于含有两种直径颗粒的体系，沉降曲线形式如图 48-3 所示。开始两种颗粒同时沉降，即 OA 段所示，至 A 点时第一种颗粒沉降完毕，AB 段表示第二种颗粒（直径较小的）单独沉降的阶段；至 B 点时第二种颗粒单独沉降的速率为 CA/BC，由于在 $0 \sim t_2$ 这段时间内，第二种颗粒始终是以那种恒定的速率沉降的，所以它的沉降量应该等于 $(CA/BC)t_2$，即等于 (P_2-P_1)，而两种颗粒的总沉降量是 P_2，显然 P_1 表示第一种颗粒的沉降量。

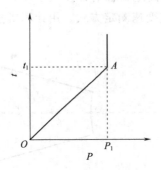

图 48-2　只含一种直径颗粒
体系的沉降曲线

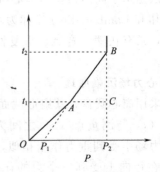

图 48-3　含两种直径颗粒
体系的沉降曲线

实际的悬浮液均为颗粒直径连续分布的体系，所以其沉降曲线的形式不是折线，而表现为一条光滑的曲线，一般如图 48-4 所示，求各粒度范围内颗粒沉降量的方法与上述相类似，如果对应于曲线上 A 点和 B 点的颗粒直径分别为 D_1 和 D_2，则分别通过 A、B 点作曲线的切线，并与 P 轴相交于 P_1、P_2 点，则在总沉降量 P_c 中，P_1 表示 $r \geqslant r_1$ 的颗粒沉降量。(P_2-P_1) 表示 $D_1 \geqslant D \geqslant D_2$ 的颗粒沉降量。(P_c-P_2) 则表示 $D < D_2$ 的颗粒沉降量。

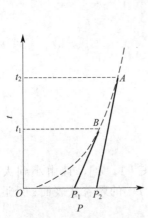

图 48-4　实际体系的沉降
曲线示意图

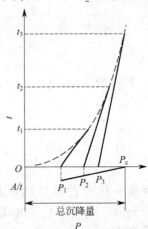

图 48-5　外推法求极限
沉降量

3. 总沉降量

为了计算各种粒度范围的颗粒占样品总量的百分数，需要知道样品的总沉降量。由于通常总有少许高度分散的颗粒没有沉降完全，所得沉降曲线不够完整，所以总沉降量 P_c 要用辅助的方法来寻找。在需要精确计算时，要采用烘干称量的方法，但此法步骤较多，周期太长，为了提高测试速度，在有些情况下可以采用外推的方法，即在曲线下方 A/t 对 P 作图（A 是任意整数，如采用 $A=1000$），如图 48-5 所示。此曲线反映颗粒的沉降速率，当其中高度分散颗粒的曲线接近于一条直线时，延长此直线与 P 轴相交于 P_c 点，即为所求的总沉降量。但是，此方法是近似的，只有在高度分散颗粒与总量较少时，此方法才适用。

4. 体系中颗粒粒度的积分分布曲线和微分分布曲线

粒度积分分布的物理意义是：在曲线上的任意一点表示体系中粒径大于该值的颗粒的质量分数，如图 48-6 所示。纵坐标为各颗粒组的相对质量分数 Q，横坐标为颗粒的直径 D（或半径 r）。

从积分曲线可以求得微分曲线，微分曲线表示各颗粒组的相对质量分数，如图 48-7 所示。纵坐标为分布函数 $\mathrm{d}Q/\mathrm{d}D$，横坐标为 D。

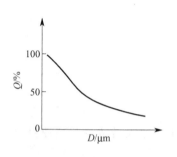

图 48-6　积分曲线示意图

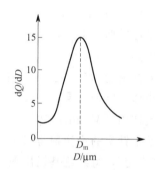

图 48-7　微分曲线示意图

作微分曲线时，先画出积分曲线求 $\Delta Q/\Delta D$（所取 ΔD 较小，使 $\Delta Q/\Delta D$ 接近 $\mathrm{d}Q/\mathrm{d}D$）。根据结果画出长方形，其底是直径范围，高是 $\Delta Q/\Delta D$，然后连接各长方形顶端的中点得到光滑曲线，即为微分曲线。此曲线最高点相应于体系中含量最多的颗粒的直径值 D_m，为最可几直径。

三、仪器与试剂

1. 仪器

WQL（LKY-2）微粒度测定仪、计算机、打印机。

2. 试剂

甘油-水溶液 5%、乙醇（A.R.）、蒸馏水、涂料悬浮液 1%。

四、实验步骤

（1）打开微粒度测定仪、计算机、打印机电源，待全部处于工作状态时，打开粒度仪电动机开关（在右边）。

（2）运行程序 WQL.exe。注意：以后操作请严格按照程序提示和以下步骤进行。

（3）单击"调整测量曲线"，先输入"1000"，然后"确定"，再按空格键，再单击"调整测量曲线"，输入"4000"，"确定"。注意：圆盘开始加速，高速转动至 $4000\mathrm{r\cdot min^{-1}}$ 时，不要调光强度，这时要等待转速稳定，如不稳定，需重调转速。

重调转速（改变圆盘的稳定速度）时，参照步骤（8）（不存盘），停止圆盘转动。重新运行程序，然后再单击"调整测量曲线"，输入"1000"，圆盘转动后，按空格键，再单击"调整测量曲线"，输入"3000"，等待转速变化。如果还是不能稳定，就要进行仪器调整，请询问老师。

(4) 转速稳定后,将 30mL 旋转液(甘油-水溶液,其黏度见表 48-1)注入圆盘中心。注意:用不带橡胶管的大注射器吸取至刻度 30,赶出注射器内的气泡,注射器头千万不能碰到圆盘。

表 48-1 甘油-水混合物的黏度

密度(25℃)/ g·cm^{-3}	甘油的质量浓度/%	黏度/P		
		20℃	25℃	30℃
1.008862	5.00	0.01143	0.01010	0.009000

注:1. 旋转流体是颗粒沉降的介质,其作用是使被测粒子均匀分布于圆盘内环,然后以环形向外移动。根据时间即可算出被测粒子的粒径。

2. 缓冲液是为了形成密度梯度,提高测量精度,避免射流。

(5) 按空格键,单击"输入参数和采样",输入参数:

样品名称:×××(自定)

前面采样周期 $TS1/s$:1

后面采样周期 $TS2/s$:2

颗粒样品密度 $DS/g·cm^{-3}$:2.56

旋转流体密度 $DF/g·cm^{-3}$:1.00886

旋转流体黏度 P/P❶:0.01143

旋转流体用量 V/mL:30

使用不带针头的小注射器注入缓冲液(乙醇)1mL,注入后按一下减速键(在粒度仪上),按"确定",待红色基线出现。

(6) 使用带针头的小注射器注入待测样品 0.8mL,迅速注入,马上快速轻击键盘空格键。注意:不要把注射器伸到圆盘里面。

(7) 等待计算机采集测量数据,同步出现在计算机窗口。注意:如果数据有问题,需重做(要征得老师同意)。实验重做时,先做步骤(9)~(11),然后再从步骤(2)开始做。

(8) 实验结束,按两次任意键,单击"存盘结束",输入文件名。

(9) 单击"调整测量曲线",输入"2000",再按任意键,单击"调整测量曲线",输入"0",停止圆盘工作,关闭程序。

(10) 关闭右边电动机开关。

(11) 清洗圆盘。先用大注射器把溶液吸走,然后再注入水,用手转动圆盘的边缘,稍微清洗一下;用纸将圆盘内部擦干净,重复两次;再注入水,转一圈,吸走;擦干内外表面。把接水盘中的水倒掉放回。注意:在有机玻璃棒上卷纸,一定要将有机玻璃棒卷好,不能使有机玻璃棒与圆盘相摩擦。

(12) 调出记录,记下存盘记录中微分粒度分布表中的数据,见表 48-2,清理仪器,检查数据后实验结束。

表 48-2 微分粒度分布示例

分级序号	粒度分级/μm	质量分数/%	分级序号	粒度分级/μm	质量分数/%
1	0.200~0.300	0.05	3	0.400~0.500	9.52
2	0.300~0.400	3.64	4	0.500~0.600	15.00

---

❶ 1泊(P)=0.1帕·秒(Pa·s)。

续表

分级序号	粒度分级/μm	质量分数/%	分级序号	粒度分级/μm	质量分数/%
5	0.600～0.700	13.31	11	1.400～1.600	3.80
6	0.700～0.800	10.97	12	1.600～1.800	5.16
7	0.800～0.900	6.83	13	1.800～2.000	2.25
8	0.900～1.000	4.83	14	2.000～2.500	5.88
9	1.000～1.200	3.60	15	2.500～3.000	4.07
10	1.200～1.400	5.51	16	3.000～3.151	5.41

五、数据记录与处理

(1) 打开存盘记录窗口，记录如表 48-2 所示的数据。
(2) 按表 48-2 示例数据作出微分曲线图。
(3) 根据微分曲线图读出最可几曲率半径。
(4) 存盘记录窗口示例。

参 数 表

日期：×××　　　　　　　　　样品名称：×××
前面采样周期 $TS1/s$：1　　　　后面采样周期 $TS2/s$：2
比形状系数 K_0：6　　　　　　颗粒样品密度 $DS/\text{g·cm}^{-3}$：2.56
旋转流体密度 $DF/\text{g·cm}^{-3}$：1.00886　　旋转流体黏度 P/P：0.01143
旋转流体用量 V/mL：30　　圆盘转速 $U/\text{r·min}^{-1}$：4000

思考题

1. 离心场沉降与重力场沉降的区别？
2. 影响测试结果的重现性和准确性的重要因素有哪些？

实验 49　沉降分析——重力场法

一、实验目的

(1) 了解 TZC-2 型自动记录粒度测定仪的工作原理及使用方法。
(2) 用粒度仪测定 $PbSO_4$ 样品的粒度分布情况。

二、实验原理

对于粗分散体系，如悬浮液，可以利用 Stokes 公式，通过测定体系中粒子的沉降速率，求得相应的颗粒半径。

在重力场中，沉降粒子在介质中所受的下沉力为：

$$f_1 = \frac{4}{3}\pi r^3 (\rho - \rho_0) g \tag{49-1}$$

式中　g——重力加速度；
　　　r——沉降粒子的半径；
ρ, ρ_0——粒子及介质的密度。

根据 Stokes 公式，粒子在沉降时所受的阻力 f_2 为：

$$f_2 = 6\pi\eta v \tag{49-2}$$

式中　η——介质的黏度系数。

当粒子以恒定的速率 v 沉降时，应有 $f_1 = f_2$，即：

$$\frac{4}{3}\pi r^3(\rho-\rho_0)g = 6\pi\eta r v \tag{49-3}$$

从而：

$$r = \sqrt{\frac{9\eta h}{2g(\rho-\rho_0)t}} \tag{49-4}$$

式中　h——沉降高度，cm；

　　　t——沉降时间，s。

如粒子半径 r 的单位是 cm；则 η 的单位为 $g \cdot cm^{-1} \cdot s^{-1}$；$g$ 的单位为 $cm \cdot s^{-2}$；ρ 和 ρ_0 的单位为 $g \cdot cm^{-3}$。

重力场中的颗粒沉降曲线的绘制、总沉降量的计算以及体系中颗粒粒度的积分分布曲线和微分分布曲线的绘制均与离心场中相同。

三、仪器与试剂

1. 仪器

TZC-2 型自动记录粒度测定仪、超级恒温槽、电动搅拌机、砝码、夹套沉降杯 500mL、烧杯 1000mL、烧杯 400mL、量筒 200mL、量筒 10mL、分液漏斗、铁架台。

2. 试剂

$Pb(NO_3)_2$ 溶液（$0.2mol \cdot L^{-1}$）、$(NH_4)_2SO_4$ 溶液（$0.2mol \cdot L^{-1}$）、明胶溶液（2.5%）。

四、实验步骤

1. 实验准备

开动超级恒温槽，使水温在（30.0±0.2）℃，与此同时进行下一步操作。

2. 制备 $PbSO_4$ 样品

（1）量取 200mL $0.2mol \cdot L^{-1}$ $Pb(NO_3)_2$ 溶液倒入分液漏斗中。

（2）量取 200mL $0.2mol \cdot L^{-1}$ $(NH_4)_2SO_4$ 溶液倒入 400mL 烧杯中。

（3）将 $Pb(NO_3)_2$ 溶液慢慢滴入 $(NH_4)_2SO_4$ 溶液中，使两者反应生成 $PbSO_4$ 沉淀，由于颗粒大小与反应速率有关，故一定要控制好滴加速率。

（4）静置片刻，倾去上层清液，转入沉降杯，再加 2mL 明胶，加水，使总体积达 500mL 左右。

（5）搅拌 40min，使用搅拌机时要从零开始慢慢调速，注意控制好搅拌速率。

3. 天平平衡点的调节

（1）初调。了解粒度仪的工作原理和使用方法，用 1000mL 烧杯，加入 1000mL 自来水，对天平平衡点进行初调。注意：每次开启天平前应使记录笔处于零点处（后秤盘中平衡砝码约 8.00g）；每次在天平的两端加以重物时，须将天平关闭，打开天平，指针指在中间，即可认为调好。

（2）细调。在初调的基础上，用搅拌好的悬浮液对平衡点进行细调，即将前秤盘放入悬浮液中，挂好。开启天平，观察平衡位置（指针指在中间），如不行，则应取出悬浮液，继续搅拌 5min，同时调节砝码，再调整。这样反复多次，直至一打开天平，指针指在中间，即为调好。随即打开仪器开关和工作开关，让仪器自动绘出沉降曲线。注意：打开仪器前，应检查记录笔是否处在零点。

4. 样品的测定

细调好后，让仪器运行 1h 后可结束实验，关闭天平。测量沉降高度（即液面至秤盘的距离），将记录笔回到原点，关闭开关，取出砝码，取下记录纸。注意：在仪器运行时，要经常注意记录是否正常（如记录纸不走，将导致前功尽弃）。

五、数据记录与处理

1. 绘制沉降曲线，求沉降量

（1）用曲线板连接记录纸上各小阶梯右顶角，仔细画出沉降曲线。

（2）用式(48-5) 计算半径为 $10\mu m$、$7\mu m$、$5\mu m$、$3\mu m$、$2.5\mu m$、$2\mu m$、$1.5\mu m$ 的颗粒完全沉降的时间。注意：式中各项所要求的单位 $\rho=6.2\text{g}\cdot\text{mL}^{-1}$，沉降液的 η、ρ_0 用纯水的值代入，$1\mu m=10^{-4}\text{cm}$。当实验温度为 30℃ 时，$\rho_0=0.9957\text{g}\cdot\text{mL}^{-1}$，$\eta=0.7975\times10^{-2}\text{P}$。在纵轴上找到这些点，然后通过沉降曲线上的相应点用镜面法作切线，并得到与横轴的交点，即为相应的沉降量，记录有关数据。

沉降液温度：_____℃，沉降液浓度：_____%，沉降高度：_____cm

颗粒半径/μm	10	7	5	3	2.5	2	1.5
沉降时间/min							
相应沉降量/格							

2. 求总沉降量及粒度分布

（1）用作图法求出总沉降量 P_c。

（2）计算半径（单位：μm）>10，10～7，7～5，5～3，3～2.5，2.5～2，2～1.5，<1.5 八个粒度范围颗粒的沉降量，并根据总沉降量计算它们分布点样品占总量的百分数，记录有关数据。

总沉降量：_____

颗粒半径范围/μm	>10	10～7	7～5	5～3	3～2.5	2.5～2	2～1.5	<1.5
沉降量 ΔP/格								
占总量的百分数/%								

3. 绘制积分分布曲线和微分分布曲线

（1）根据以下所记录的有关数据，绘制积分曲线。

颗粒半径范围/μm	>10	>7	>5	>3	>2.5	>2	>1.5
占总量的百分数/%							

（2）利用积分曲线，取 $\Delta r=0.5\mu m$，求出整个粒度范围内的 $\Delta Q/\Delta r$ 值，并绘制微分曲线，求出最可几半径。

颗粒半径范围/μm	0~0.5	0.5~1.0	1.0~1.5	1.5~2.0	2.0~2.5	2.5~3.0	3.0~3.5	3.5~4.0	4.0~4.5	4.5~5.0
$\Delta Q/\Delta r$										
颗粒半径范围/μm	5.0~5.5	5.5~6.0	6.0~6.5	6.5~7.0	7.0~7.5	7.5~8.0	8.0~8.5	8.5~9.0	9.0~9.5	9.5~10
$\Delta Q/\Delta r$										

最可几半径 r_m：_____。

思考题

若实验开始时，仪器的平衡点未调好，会对实验结果产生什么影响？

设计性实验

实验 50 黏度法测定蛋白质的 K 和 α 值

一、实验设计要求

在掌握黏度法测定高聚物平均摩尔质量的原理和实验方法基础上，设计一个合理的实验方案，求取在某一温度下蛋白质的马克-哈温克（Mark Houwink）经验公式 $[\eta] = K\overline{M}^\alpha$ 中的常数 K 和 α。

二、仪器与试剂

1. 仪器

乌氏黏度计、恒温槽。

2. 试剂

蛋清溶菌酶（A.R.）、胃蛋白酶（A.R.）、牛血清白蛋白（A.R.）、β-半乳糖苷酶（A.R.）、过氧化氢酶（A.R.）。

三、实验设计提示

已知条件：

项目	蛋清溶菌酶	胃蛋白酶	牛血清白蛋白	β-半乳糖苷酶	过氧化氢酶
$\overline{M}$	14400	35000	68000	130000	250000

实验 51 表面吸附量的测定——最大泡压法

一、实验设计要求

在掌握最大泡压法测定溶液表面张力的原理和实验方法，以及理解表面吸附量和分子截面积的基础上，设计合理的实验方案，测量阳离子表面活性剂十六烷基三甲基溴化铵在指定温度下的饱和表面吸附量及最小分子截面积，讨论影响表面吸附量准确测定的主要因素，加深对表面张力、表面自由能及表面张力和表面吸附量关系的理解。

二、仪器与试剂

1. 仪器

DP-A 精密数字压力计、DP-AW 表面张力组合实验装置、SWQ 智能数字恒温控制器、超级恒温水浴、毛细吸管。

2. 试剂

十六烷基三甲基溴化铵溶液、蒸馏水。

三、实验设计提示

在指定的温度下，纯液体的表面张力是一定的，一旦在液体中加入溶质成为溶液时情况就不同了。随着溶质浓度的增大，溶液的表面张力可能会略有升高，也可能随之降低，并在开始时降得略微快些，甚至可能在较低浓度时表面张力就急剧下降，达到某一浓度后表面张力几乎不再改变。这一现象的本质是溶质分子在溶液表面的吸附，从而导致溶质在表面相与体相的浓度不同，即所谓的表面过剩，使表面层的分子组成发生了改变，分子间作用力起了变化，因此表面张力也随着改变。在指定的温度和压力下，溶液对溶质的吸附量与溶液的表面张力及溶液的浓度之间的关系遵守吉布斯（Gibbs）吸附等温式：

$$\Gamma = -\frac{c}{RT} \times \frac{d\sigma}{dc} = -\frac{1}{RT} \times \frac{d\sigma}{d\ln c} \tag{51-1}$$

式中　Γ——表面吸附量，$mol \cdot m^{-2}$；

c——平衡时溶液浓度，$mol \cdot L^{-1}$；

R——摩尔气体常数，$8.314 J \cdot mol^{-1} \cdot K^{-1}$；

T——吸附时的温度，K。

能产生显著正吸附（$\Gamma > 0$）的物质，称为表面活性物质；能产生负吸附（$\Gamma < 0$）的物质，称为表面惰性物质。

当吸附量不再随溶质浓度的增大继续改变时，即可认为达到了饱和吸附。假设饱和吸附时，溶液表面完全被溶质分子占据形成了单分子层，则每个分子在界面上所占据的截面积即为最小截面积 A_{min}：

$$A_{min} = \frac{1}{N_A \Gamma} \tag{51-2}$$

式中，N_A 为阿伏伽德罗常数。从吉布斯吸附等温式可知，吸附量的测定关键是表面张力的测定。最大泡压法是测定溶液表面张力最常用的方法之一，装置如图 51-1 所示。当毛细管与待测溶液液面接触（相切）时，缓慢地给毛细管内加压或给待测溶液体系减压，则可以在液面的毛细管出口处形成气泡。如果毛细管半径很小，则形成的气泡基本上呈球形。当气泡刚刚开始形成时，表面几乎是平的，此时的曲率半径最大；随着气泡的逐渐长大，曲率半径逐渐变小，直到形成半球形，曲率半径 R 与毛细管半径 r 相等，曲率半径达最小值。根据 Laplace 公式，此时气泡所承受的附加压力达到最大：

$$\Delta p = \frac{2\sigma}{R} = \frac{2\sigma}{r} \tag{51-3}$$

式中　Δp——最大附加压力；

r——毛细管半径（此时等于气泡的曲率半径 R）；

σ——表面张力。

当密度为 ρ 的液体作压差计介质时，测得与 Δp 相应的最大压差为 Δh_m。按式(51-3)得：

$$\sigma = \frac{r}{2}\Delta p = \frac{r}{2}\Delta h_m \rho g = K \Delta h_m \tag{51-4}$$

式中，K 在一定温度下仅与毛细管半径 r 有关，称毛细管仪器常数，此常数可从已知表面张力的标准物质测得。

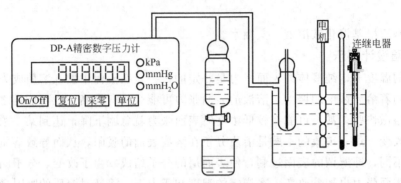

图 51-1　DP-AW 表面张力组合实验装置

实验 52　固体比表面积的测定——酸碱滴定法

一、实验设计要求

在掌握固体吸附剂在溶液中吸附的基本原理的基础上，设计合理的实验方案，通过酸碱滴定法测量活性炭粉末的比表面积和吸附质分子在活性炭上的表观吸附量。比较 Langmuir、Freundlich 和 Temkin 三种吸附等温式的适用情况，确定合适的吸附模型。

二、仪器与试剂

1. 仪器

具塞量筒、容量瓶、滴管、烧杯、漏斗、分析天平。

2. 试剂

醋酸、氢氧化钠、蒸馏水。

三、实验设计提示

在等温、等压的条件下，固体吸附剂在溶液中的吸附量可以通过溶液在吸附前的浓度与达到吸附平衡后的浓度差进行计算，如下式所示：

$$a = \frac{n_{B,ad}}{m_A} = \frac{(c_{B,0} - c_{B,eq})V}{m_A} \tag{52-1}$$

式中　a——表观吸附量，即每克吸附剂所吸附的溶质的物质的量；

　　$n_{B,ad}$——所吸附的溶质的物质的量；

　　m_A——吸附剂的质量；

　　$c_{B,0}$——溶液在吸附前的浓度；

　　$c_{B,eq}$——溶液在吸附平衡后的浓度；

　　V——溶液体积。

描述固体在溶液中吸附的等温式有多种形式，其中主要有 Langmuir、Freundlich 和 Temkin 三种吸附等温式：

Langmuir 吸附等温式：

$$a = \frac{a_m K c_B}{1 + K c_B} \tag{52-2}$$

式中 a_m——饱和吸附量，即固体表面吸满单分子层时的表观吸附量；

K——吸附速率常数与脱附速率常数之比（k_a / k_{de}）。

Freundlich 吸附等温式：

$$\lg a = \lg k + \frac{1}{n} \lg c_B \tag{52-3}$$

式中 k，n——一定系统中与温度有关的常数。

Temkin 吸附等温式：

$$a = \frac{a_m RT}{\alpha} \ln(\beta c_B) \tag{52-4}$$

式中 α，β——常数。

如果吸附质分子在吸附剂表面所占面积 A_B 已知，则根据饱和吸附量 a_m 就可求出吸附剂的比表面积 A_0：

$$A_0 = A_B N_A a_m \tag{52-5}$$

式中 N_A——阿伏伽德罗常数。

实验 53　固体比表面积的测定——分光光度法

一、实验设计要求

在掌握固体吸附剂在溶液中吸附规律和分光光度计基本原理的基础上，设计合理的实验方案，通过分光光度法测量活性炭颗粒的比表面积和吸附质分子在活性炭上的表观吸附量，比较 Langmuir、Freundlich 和 Temkin 三种吸附等温式的适用情况，确定合适的吸附模型，加深对吸附、吸附剂、吸附质等基本概念的理解以及物理吸附和化学吸附的区别。

二、仪器与试剂

1. 仪器

722 型分光光度计、振荡器、具塞量筒、容量瓶、滴管、锥形瓶、烧杯、漏斗、分析天平。

2. 试剂

活性炭颗粒、亚甲基蓝、蒸馏水。

三、实验设计提示

吸附量和吸附剂的比表面积 A_0 的计算，以及 Langmuir、Freundlich、Temkin 吸附等温式参见实验 52 提示部分。

亚甲基蓝的吸附有三种取向：平面吸附、侧面吸附及端基吸附，对于非石墨型的活性炭，亚甲基蓝主要以端基吸附取向吸附在活性炭表面，$A_B = 39 \times 10^{-20}$ m^2。

根据光吸收定律，当入射光为一定波长的单色光时，某溶液的吸光度与溶液中有色物质的浓度及溶液层的厚度成正比：

$$A = -\lg\left(\frac{I}{I_0}\right) = \varepsilon b c \tag{53-1}$$

式中，A 为吸光度；I_0 为入射光强度；I 为透过光强度；ε 为吸光系数；b 为光径长度或液层厚度；c 为溶液浓度。

实验 54　同系物水溶液的表面吸附量及分子截面积的测定

一、实验设计要求
在掌握溶质在溶液表面吸附量和分子截面积测量原理的基础上，利用所提供的仪器及试剂，根据实验提示设计合理的实验方案，评价碳链长短、极性头基对溶质分子在溶液表面吸附量和分子截面积的测定的影响，并比较不同测量方法所得结果的差异。

二、仪器与试剂
1. 仪器
界面张力仪、毛细管滴重计、铁架、烧杯、DP-AW 表面张力组合实验装置、SWQ 智能数字恒温控制器、超级恒温水浴、毛细吸管。

2. 试剂
正丁醇、正戊醇、正丙醇、甲酸、乙酸、丙酸、正丁酸、蒸馏水。

三、实验设计提示
相关知识参见实验 51 提示部分。

实验 55　临界胶束浓度的测定——电导法

一、实验设计要求
在掌握电解质溶液相关知识的基础上，根据实验提示，利用所提供的仪器设备和试剂、以及相关背景知识，设计一个合理的实验，运用电导法测定表面活性剂水溶液在指定温度下的临界胶束浓度，并判断该方法对不同类型表面活性剂的适用性。

二、仪器与试剂
1. 仪器
DDS-11A 型电导率仪、DJS-1 型铂黑电极、滴重计、JYW-200D 自动界面张力仪、玻璃毛细管若干、量筒、烧杯、容量瓶、镊子、洗瓶、超级恒温水浴、温度计等。

2. 试剂
十二烷基硫酸钠、月桂醇聚氧乙烯醚（9）、十二烷基三甲基溴化铵、十四烷基三甲基溴化铵、十六烷基三甲基溴化铵、蒸馏水。

三、实验设计提示
对于一般电解质溶液，其电导率 κ 和摩尔电导 Λ_m 有下列关系：

$$\Lambda_m = \frac{\kappa}{c} \tag{55-1}$$

Λ_m 随电解质浓度而变，对强电解质的稀溶液，Λ_m 与电解质浓度 c 之间满足柯尔劳施公式：

$$\Lambda_m = \Lambda_m^\infty - A\sqrt{c} \tag{55-2}$$

式中，Λ_m^∞ 为浓度无限稀时的摩尔电导率；A 为常数。
对于离子型表面活性剂溶液，当溶液浓度很稀时，电导的变化规律也和强电解质一样；

但当溶液浓度达到临界胶束浓度时，随着胶束的生成，电导率发生改变，摩尔电导率急剧下降。利用离子型表面活性剂水溶液电导率随浓度的变化关系，从电导率（κ）-浓度（c）曲线或摩尔电导率（Λ_m）-$\sqrt{c}$ 曲线上的转折点求取 CMC。此法仅对离子型表面活性剂适用，对 CMC 值较大、表面活性低的表面活性剂因转折点不明显而不灵敏。

实验 56　临界胶束浓度的测定——分光光度法

一、实验设计要求

在掌握分光光度计使用的基础上，利用表面活性剂溶液的吸光度在 CMC 附近发生突变的原理，设计合理的实验方案，测定表面活性剂的临界胶束浓度。

二、仪器与试剂

1. 仪器

分光光度计。

2. 试剂

表面活性剂、蒸馏水。

三、实验设计提示

由于表面活性剂分子的双亲结构特点，有自水中吸附聚集于界面上的趋势，但当表面吸附达到饱和后，浓度再增加，表面活性剂分子无法再在表面上进一步吸附，这时为了降低体系的能量，活性剂分子会相互聚集，形成胶束。开始明显形成胶束的浓度称为临界胶束浓度（CMC）。表面活性剂溶液的吸光度在 CMC 附近发生突变，可以此来确定 CMC 值。

实验 57　临界胶束浓度的测定——表面张力法

一、实验设计要求

在掌握毛细管法测定表面张力的基础上，利用表面活性剂溶液的表面张力在 CMC 附近发生突变的原理，设计合理的实验方案，测定表面活性剂的临界胶束浓度。

二、仪器与试剂

1. 仪器

毛细管、烧杯、温度计、显微镜、测高仪。

2. 试剂

表面活性剂、蒸馏水。

三、实验设计提示

表面活性剂溶液的表面张力在 CMC 附近发生突变，可以此来确定 CMC。

实验 58　临界胶束浓度的测定——折射率法

一、实验设计要求

在掌握阿贝折射仪使用方法的基础上，利用表面活性剂溶液的折射率在 CMC 附近发生突变的原理，设计合理的实验方案，测定出表面活性剂的临界胶束浓度。

二、仪器与试剂

1. 仪器

阿贝折射仪。

2. 试剂

表面活性剂、蒸馏水。

三、实验设计提示

表面活性剂溶液的折射率在 CMC 附近发生突变，可以此来确定 CMC。

实验 59　胶束形成热力学函数的测定

一、实验设计要求

在掌握电导率仪使用方法的基础上，利用离子型表面活性剂水溶液电导率在 CMC 处发生转折的原理，设计合理的实验方案，测定表面活性剂胶束形成的 Gibbs 自由能。

二、仪器与试剂

1. 仪器

DDS-11A 型电导率仪、DJS-1 型铂黑电极、滴重计、JYW-200D 自动界面张力仪、玻璃毛细管若干、量筒、烧杯、容量瓶、镊子、洗瓶、超级恒温水浴、温度计等。

2. 试剂

十二烷基硫酸钠、月桂醇聚氧乙烯醚（9）、十二烷基三甲基溴化铵、十四烷基三甲基溴化铵、十六烷基三甲基溴化铵、蒸馏水。

三、实验设计提示

根据胶束形成的模型，胶束形成的标准 Gibbs 函数变（$\Delta G_m^\ominus$）可以按照下式计算：

$$\Delta G_m^\ominus = (2-\beta)RT\ln(x_{CMC}) \tag{59-1}$$

式中，x_{CMC} 是 CMC 的摩尔分数；β 是反离子结合度，可由浓度大于 CMC 时的折线斜率与浓度小于 CMC 时的折线斜率之比求得。

实验 60　洗涤剂最佳用量的测定

一、实验设计要求

在掌握表面张力测定仪使用方法基础上，利用表面活性剂去污能力在 CMC 处发生转折的原理，设计合理的实验方案，测定洗涤剂的最佳用量。

二、仪器与试剂

1. 仪器

FD-NST-I 液体表面张力系数测定仪（或者 JYW-200D 自动界面张力仪）。

2. 试剂

洗衣液（或洗衣粉）、蒸馏水。

三、实验设计提示

洗涤剂的正确选择和合理使用不仅可以带来好的洗涤效果，还可避免浪费，保护环境。虽然洗涤剂所含的物质可以被降解，但如果使用过量，也会破坏生态平衡。

洗涤剂是为清洗而专门配制的产品，主要组分通常由表面活性剂、助洗剂和添加剂等组成。在织物的水洗过程中，表面活性剂起主要的去污作用。

表面活性剂有一个重要参数CMC。由Γ-c曲线可知，$\Gamma \rightarrow \Gamma_m$时，与之对应的$\gamma$-$c$曲线上的$\gamma$降至最小值不再变化。此时若再增加其浓度，将形成胶束，形成临界胶束所需表面活性剂的最低浓度称为临界胶束浓度CMC。

表面活性剂的许多性质在CMC处发生转折，例如电导率、渗透压、去污能力、增溶作用等。具体到去污能力，当表面活性剂的浓度达到临界胶束浓度时，去污能力最佳。所以测定了洗涤剂的临界胶束浓度，就可以根据用水量，反推出洗涤剂的最佳用量。

化学动力学

基础实验

实验 61　蔗糖水解反应速率常数的测定（准一级反应）——旋光度法

一、实验目的
（1）测定在酸催化作用下蔗糖水解反应的速率常数。
（2）了解 WZZ-2B 全自动旋光仪的基本原理、构造和使用方法。

二、实验原理
蔗糖水溶液在氢离子催化作用下按下式进行水解：

$$C_{12}H_{22}O_{11} + H_2O \xrightarrow{H^+} C_6H_{12}O_6 + C_6H_{12}O_6$$

蔗糖　　　　　　　　　　葡萄糖　　　果糖

由于在整个反应过程中，水始终是大量的，其浓度可以看做不变，因而此反应速率只与蔗糖浓度的一次方成正比，为一级反应，其反应速率方程可表示为：

$$\frac{-dc_A}{dt} = kc_A \tag{61-1}$$

其中，k为反应速率常数，令反应开始时，蔗糖初浓度为c_{A0}，将上式积分：

$$\int_{c_{A0}}^{c_A} -\frac{dc_A}{c_A} = \int_0^t k\,dt$$

得：
$$\ln c_A = \ln c_{A0} - kt \tag{61-2}$$

蔗糖、葡萄糖是右旋光性物质，果糖是左旋光性物质。物质的旋光能力（即旋光度α）可在旋光仪中测定。在一定温度下，取一定长度的样品管，用一定的光源，则旋光度与物质的浓度c成正比：

$$\alpha = kc \tag{61-3}$$

式中　k——比例系数，与物质自身有关。

设$t=0$时，旋光度为α_0，显然α_0对应反应物蔗糖的初浓度c_{A0}，即：

$$\alpha_0 = K_{蔗} c_{A0} \tag{61-4}$$

当 $t=t$ 时，测得旋光度为 α_t，应是浓度为 c_A 的反应物与浓度为 $(c_{A0}-c_A)$ 的产物的旋光度之和，即：

$$\alpha_t = K_{蔗} c_A + K_{葡}(c_{A0}-c_A) + K_{果}(c_{A0}-c_A) \tag{61-5}$$

当 $t=\infty$ 时，蔗糖完全转化为等分子数的葡萄糖和果糖，此时旋光度应与浓度为 c_{A0} 的产物相对应，即：

$$\alpha_\infty = K_{葡} c_{A0} + K_{果} c_{A0} \tag{61-6}$$

将式(61-4)~式(61-6)联立方程解得：

$$c_{A0} = \frac{1}{K_{蔗}-K_{葡}-K_{果}}(\alpha_0-\alpha_\infty) \tag{61-7}$$

$$c_A = \frac{1}{K_{蔗}-K_{葡}-K_{果}}(\alpha_t-\alpha_\infty) \tag{61-8}$$

将式(61-7)、式(61-8)代入式(61-2)得：

$$\lg(\alpha_t-\alpha_\infty) = \lg(\alpha_0-\alpha_\infty) - \frac{kt}{2.303} \tag{61-9}$$

由式(61-9)可看出，若以 $\lg(\alpha_t-\alpha_\infty)$ 对 t 作图应是一直线，从直线斜率可求得 k 值，而直线的截距为 $\lg(\alpha_0-\alpha_\infty)$。

因为果糖的左旋光性比葡萄糖的右旋光性大，故在反应过程中溶液的右旋光性不断降低，当反应完毕后，溶液呈左旋光性。

三、仪器与试剂

1. 仪器

WZZ-2B 全自动旋光仪（请参阅本书第三章中的仪器 8）、锥形瓶 150mL、移液管 25mL、SYC-15 超级恒温水浴、电热恒温水浴锅、SWQ 智能数字恒温控制器。

2. 试剂

20% 蔗糖溶液、2mol·L^{-1} HCl 溶液。

四、实验步骤

(1) 调节 SYC-15 超级恒温水浴至 30℃，调节电热恒温水浴锅的水浴温度至 60℃。打开旋光仪进行预热（预热 10min 以上）。

(2) 用专用移液管吸取 25mL 20% 蔗糖溶液和 25mL 2mol·L^{-1} HCl 溶液分别放入两个 150mL 的锥形瓶内，置于 30℃ 水浴中恒温 10min（恒温时用手扶住锥形瓶）；在另一个 150mL 锥形瓶中加入 25mL 20% 蔗糖溶液与 25mL 2mol·L^{-1} HCl 溶液，摇匀后，置于 60℃ 水浴中恒温 40min（测定 α_∞ 时用）。

(3) 将已恒温好的溶液从 30℃ 水浴中取出，立即将酸液快速倒入糖液中（顺序切勿颠倒），并开始计时。将锥形瓶来回倒三次，用少量混合液润洗旋光管三次，迅速将混合液装满旋光管，盖好小玻璃片及管盖（管内不能留有大气泡），立即放入水浴中恒温，至接近第 10min（从混合时算起）时，取出旋光管，擦干（主要擦干两头的玻璃片），将小气泡赶入突出部。将旋光管放进旋光仪中，测定第一个数据（注意：每次测量前要将旋光仪清零）。数据记录下来以后，迅速将旋光管放回恒温槽中。以后每隔 10min 测定一个数据，直至旋光度数据变为负数。每次测定后应迅速将旋光管移入 30℃ 水浴中。

(4) 将在 60℃ 水浴中恒温 40min 后的溶液，冷至室温按上述方法装入同一个旋光管中，于 30℃ 水浴中恒温 10min 后，测定旋光度，此值近似为 α_∞。

五、数据记录与处理

1. 数据记录

室温：_____，室内大气压：_____，α_∞：_____

t/min										
α_t										
$\alpha_t - \alpha_\infty$										
$\lg(\alpha_t - \alpha_\infty)$										

2. 数据处理

以 $\lg(\alpha_t - \alpha_\infty)$ 对 t 作图，得一条直线，根据直线斜率求出反应速率常数 k。

思考题

1. 蔗糖、葡萄糖和果糖是具有何种旋光性的物质？反应过程中体系旋光度如何变化？
2. 配制糖溶液为何不需要准确称重，而糖液和酸液却要用移液管移取，能否用量筒代替？为什么？
3. 混合溶液时，能否将糖液倒入酸液中？为什么？
4. 式(61-9)中的 α_0 与 α_∞ 各代表什么？如何从实验中求得 α_∞。
5. 测定反应速率的物理方法有何特点？采用物理方法的条件是什么？

实验 62　乙酸乙酯皂化反应速率常数的测定（二级反应）——电导法

一、实验目的

(1) 了解二级反应的特点，学会用图解计算法求二级反应的速率常数。
(2) 用电导法测定乙酸乙酯反应的速率常数，了解反应活化能的测定方法。

二、实验原理

1. 二级反应速率方程

乙酸乙酯皂化反应是典型的二级反应，反应式如下：

$$CH_3COOC_2H_5 + NaOH \longrightarrow CH_3COONa + C_2H_5OH$$

$t=0$	a	b	0	0
$t=t$	$a-x$	$b-x$	x	x

其反应速率可表示为：

$$\frac{dx}{dt} = k(a-x)(b-x) \tag{62-1}$$

式中　a，b——两反应物的初始浓度；

x——经时间 t 后，产物 CH_3COONa 和 C_2H_5OH 的浓度；

k——反应速率常数。

将式(62-1)积分，当两反应物初始浓度不同，即 $a \neq b$ 时，可得：

$$k = \frac{1}{t(a-b)} \ln \frac{b(a-x)}{a(b-x)} \tag{62-2}$$

当两反应物初始浓度相同，即 $a=b=c_0$ 时，可得：

$$k = \frac{1}{ta} \times \frac{x}{a-x} = \frac{1}{tc_0} \times \frac{c_0 - c}{c} \tag{62-3}$$

式中　c_0——两反应物的初始浓度；

　　　c——t 时刻反应物的浓度。

随着皂化反应的进行，溶液中导电能力强的 OH^- 逐渐被导电能力弱的 CH_3COO^- 所取代，溶液电导率逐渐减小，其中乙酸乙酯和乙醇的电导率非常小，可以忽略不计。

2. 反应速率常数的测定方法

本实验用电导率仪测定皂化反应过程中电导率随时间的变化，从而达到测定反应物浓度随时间变化的目的。

在强电解质的稀溶液中，电导率与浓度成正比关系，即：

$$\kappa = K'c \tag{62-4}$$

式中　κ——溶液的电导率；

　　　c——溶液的浓度；

　　　K'——比例常数，不同物质的 K' 值不同。

若 $t=0$ 时，溶液的电导率为 κ_0，表示反应开始前，反应物 NaOH 初始浓度下的电导率，故：

$$\kappa_0 = K'_{NaOH} c_0 \tag{62-5}$$

当 $t=t$ 时，测得溶液的电导率为 κ_t，显然应是反应物 NaOH 浓度为 c 和产物 CH_3COONa 浓度为 $(c_0 - c)$ 时的电导率之和，即：

$$\kappa_t = K'_{NaOH} c + K'_{CH_3COONa}(c_0 - c) \tag{62-6}$$

当 $t \to \infty$ 时，OH^- 完全被 CH_3COO^- 取代，此时溶液的电导率 κ_∞ 应是产物 CH_3COONa 浓度为 c_0 的电导率，即：

$$\kappa_\infty = K'_{CH_3COONa} c_0 \tag{62-7}$$

由式(62-5)～式(62-7)可得：

$$c_0 = \frac{1}{K'_{NaOH} - K'_{CH_3COONa}}(\kappa_0 - \kappa_\infty) \tag{62-8}$$

$$c = \frac{1}{K'_{NaOH} - K'_{CH_3COONa}}(\kappa_t - \kappa_\infty) \tag{62-9}$$

将式(62-8)、式(62-9)代入式(62-3)得：

$$k = \frac{1}{tc_0} \times \frac{\kappa_0 - \kappa_t}{\kappa_t - \kappa_\infty} \tag{62-10}$$

进而：

$$\kappa_t = \frac{1}{kc_0} \times \frac{\kappa_0 - \kappa_t}{t} + \kappa_\infty \tag{62-11}$$

由式(62-11)可知，若以 κ_t 对 $\frac{\kappa_0 - \kappa_t}{t}$ 作图可得一条直线，其斜率为 $\frac{1}{kc_0}$。因为反应物初始浓度 c_0 已知，故可以由斜率计算其反应速率常数 k。

若测定两个温度下的反应速率常数 k_1、k_2，可由阿伦尼乌斯定积分公式计算反应的活

化能 E_a：

$$\ln\frac{k_2}{k_1}=-\frac{E_a}{R}\left(\frac{1}{T_2}-\frac{1}{T_1}\right) \qquad (62\text{-}12)$$

三、仪器与试剂

1. 仪器

DDS-11A 型电导率仪、DJS-1 型铂黑电极、羊角形电导管、直形电导管、金属支架、恒温水浴槽、移液管 10mL。

2. 试剂

0.075mol·L^{-1} NaOH、0.075mol·L^{-1} 乙酸乙酯、蒸馏水。

四、实验步骤

1. 25℃下 κ_0、κ_t 的测量

（1）调节恒温槽温度至 25℃。

（2）电导率仪的调节。打开 DDS-11A 数显电导率仪（开关在背后），预热 10min 后进行仪器校正，将"温度"旋钮置于"25℃"位置。把"量程"挡拨到"20"处；然后按下"校准"按钮（注意与"测量"的区别），调节"常数"旋钮，使显示屏显示数值是铂黑电极电导池常数标值的 10 倍。设定完成。放开"校正"按钮，置于"测量"状态。

（3）κ_0 的测量。在直形电导管中放入 10mL 蒸馏水和 10mL 0.075mol·L^{-1} 的 NaOH，混合，同时用滤纸轻轻吸干电极上的水滴（勿触及电极上的铂黑）后，放入该混合溶液中，电导管装在金属支架上，置于 25℃恒温水浴中一起恒温 10min。测量该溶液的电导值，每隔 2min 读一次数据，读取三次，取平均值，即为 κ_0。

（4）κ_t 的测量。

① 图 62-1 在羊角形电导管的 b 管中加入 10mL 0.075mol·L^{-1} NaOH 溶液；a 管中加入 10mL 0.075mol·L^{-1} 乙酸乙酯，塞上塞子。将羊角形电导管放入 25℃恒温水浴中恒温（注意：勿使 a 管和 b 管中的溶液混合）。

② 10min 后，快速混合 a 管和 b 管中的溶液（一旦混合立即按下秒表），并来回倒几次使其均匀混合，最后集中到 a 管中。

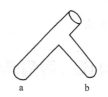

图 62-1　羊角形电导管

③ 将电极转移到 a 管中（注意：放入电极后不要再晃动，并且实验过程中时间不得中断）。2min 后读出电导率仪上的电导率，每隔 2min 读一次数据，共读六次；以后每隔 4min 读一次数据，读三次；最后 8min 读一次数据，读一次。测 32min 后停止。

2. 35℃下 κ_0、κ_t 的测量

调节恒温槽温度为 35℃，重复步骤 1 中的（3）(4)，测定其 κ_0、κ_t。

3. 结束实验

（1）实验完毕后，取出电导电极，用蒸馏水淋洗后养护于蒸馏水中。

（2）关掉仪器，回收反应液。

（3）洗净电导管，并放入烘箱。

（4）记下室温与大气压。

五、数据记录与处理

1. 数据记录

室温：_____，大气压：_____，κ_0 = _____ mS·cm^{-1}，实验温度：_____

序 号	t/min	κ_t/mS·cm^{-1}	$\kappa_0 - \kappa_t$ /mS·cm^{-1}	$\dfrac{\kappa_0 - \kappa_t}{t}$ /mS·cm^{-1}·min^{-1}
1				
2				
3				
⋮				

2. 数据处理

（1）以 κ_t 对 $\dfrac{\kappa_0 - \kappa_t}{t}$ 作图可得一条直线，从直线斜率求出反应速率常数 k。

（2）根据实验测得的 k_1、k_2，由阿伦尼乌斯定积分公式计算反应的活化能 E_a。

思考题

1. 被测溶液的电导率是哪些离子贡献的？反应过程中溶液的电导率如何变化？
2. 为什么乙酸乙酯与 NaOH 溶液的浓度必须足够稀？
3. 为什么要使两种反应物浓度相等？
4. 为什么本实验要在恒温条件下进行，且反应物在混合前还要预先恒温？
5. 请用自己的实验结果验证乙酸乙酯的皂化反应为二级反应。
6. 根据式(62-10)，如果用 $\dfrac{\kappa_0 - \kappa_t}{\kappa_t - \kappa_\infty}$ 对 t 作图求 k，那么还需要知道 κ_∞，怎样才能够简便地测定出 κ_∞？

实验 63 丙酮碘化反应速率常数的测定（复杂反应）——分光光度法

一、实验目的

（1）掌握用孤立法确定反应级数的方法。
（2）测定酸催化作用下丙酮碘化反应的速率常数。
（3）进一步熟悉分光光度计的使用方法。
（4）通过本实验加深对复杂反应特征的理解。

二、实验原理

在酸溶液中，丙酮碘化是复杂反应。当实验测得反应速率方程后，就可以对反应机理进行推测。

在酸催化作用下，丙酮碘化的反应式可写成：

假定经验速率方程是：

$$-\frac{dc_{I_2}}{dt}=kc_A^{\alpha}c_{H^+}^{\beta}c_{I_2}^{\gamma} \tag{63-1}$$

为了确定碘的级数，可在保持丙酮和酸较碘大大过量的条件下测定碘浓度随时间的变化，此时：

$$-\frac{dc_{I_2}}{dt}=k'c_{I_2}^{\gamma} \tag{63-2}$$

其中：

$$k'=kc_A^{\alpha}c_{H^+}^{\beta} \tag{63-3}$$

分别用 c_{I_2}、$\ln c_{I_2}$ 和 $1/c_{I_2}$ 对 t 作图，如所得为一条直线，则分别属零级、一级和二级反应，因此可按符合线性关系最佳者确定碘的反应级数，从所得的直线斜率可求得 k'。

丙酮和酸的级数的测定用上法是不方便的，但可在改变过量丙酮或酸浓度的条件下，仍跟踪碘浓度随时间的变化，测得不同的 k' 后，再由此求得它们的反应级数。

为了求得丙酮的级数，在一定的碘初始浓度及保持过量酸浓度不变的条件下，分别测定两种过量丙酮浓度的速率常数 k_1' 和 k_2'，得到：

$$k_1'=kc_{A_1}^{\alpha}c_{H_1^+}^{\beta} \tag{63-4}$$

$$k_2'=kc_{A_2}^{\alpha}c_{H_2^+}^{\beta} \tag{63-5}$$

将式(63-5)、式(63-4)相除得：

$$\frac{k_2'}{k_1'}=\frac{c_{A_2}^{\alpha}}{c_{A_1}^{\alpha}} \tag{63-6}$$

将测得的 k_1'、k_2' 及丙酮的浓度代入式(63-6)，即可求得丙酮的反应级数 α。

同理，在保持一定碘初始浓度及过量丙酮不变的条件下，分别测定两种过量酸浓度的速率常数 k_1'、k_2'，可得：

$$\frac{k_2'}{k_1'}=\frac{c_{H_2^+}^{\beta}}{c_{H_1^+}^{\beta}} \tag{63-7}$$

同样可求得酸的反应级数 β。

碘在可见光区有一个很宽的吸收带，因此可以方便地用分光光度计测定反应过程中碘浓度随时间变化的关系。按照 Lambert-Beer 定律：

$$\lg T=\lg\left(\frac{I}{I_0}\right)=-\varepsilon bc_{I_2} \tag{63-8}$$

式中 T——透光率；

I，I_0——某一定波长的光线通过待测溶液和空白溶液后的光强；

ε——摩尔吸光系数；

b——吸收池厚度。

将式(63-8)两边对 t 求导，得：

$$\frac{d\lg T}{dt}=-\varepsilon b\frac{dc_{I_2}}{dt} \tag{63-9}$$

故以 $\lg T$ 对 t 作图，其斜率应为 $-\varepsilon b(dc_{I_2}/dt)$。如已知 ε 和 b，则可计算出反应速率。

若 $c_A \gg c_{I_2}$，$c_{H^+} \gg c_{I_2}$ 则可以发现 $\lg T$ 值对 t 的关系图为一条直线。显然只有当 $-\mathrm{d}c_{I_2}/\mathrm{d}t$ 不随时间而改变时，该直线关系才能成立。这也就意味着，反应速率与碘的浓度无关，从而可得知丙酮碘化反应对碘的反应级数为零。故速率常数 k_1' 与 k_2' 之比为相应的反应速率之比。

本实验选定丙酮的浓度范围为 $0.1\sim0.4\mathrm{mol}\cdot\mathrm{L}^{-1}$，氢离子浓度范围为 $0.1\sim0.4\mathrm{mol}\cdot\mathrm{L}^{-1}$，碘的浓度范围为 $0.0001\sim0.01\mathrm{mol}\cdot\mathrm{L}^{-1}$。

三、仪器与试剂

1. 仪器

722 型分光光度计、50mL 容量瓶、超级恒温水浴、吸收池、移液管 5mL、10mL 各 3 支、秒表。

2. 试剂

含 2%KI 的碘溶液（$0.01\mathrm{mol}\cdot\mathrm{L}^{-1}$）、HCl（$1\mathrm{mol}\cdot\mathrm{L}^{-1}$）、丙酮（$2\mathrm{mol}\cdot\mathrm{L}^{-1}$）。

四、实验步骤

1. 实验准备

（1）调节恒温槽温度为 25℃。

（2）开启有关仪器，分光光度计要预热 30min。

2. 透光率 100% 的校正

分光光度计波长调节至 565nm，控制面板上工作状态调在透光率挡。将吸收池中装满蒸馏水，在光路中放好，恒温 10min 后调节蒸馏水的透光率为 100%。

3. 测量 εb 值

在 50mL 容量瓶中配制 $0.001\mathrm{mol}\cdot\mathrm{L}^{-1}$ 碘溶液。用少量的碘溶液润洗吸收池两次，再注入 $0.001\mathrm{mol}\cdot\mathrm{L}^{-1}$ 碘溶液，测其透光率 T。更换碘溶液再重复测定两次，取其平均值，求 εb 值。

4. 测定丙酮碘化反应的速率常数

（1）在四个已编号（1~4 号）的 50mL 容量瓶中，用移液管分别注入 $0.01\mathrm{mol}\cdot\mathrm{L}^{-1}$ 标准碘溶液 5mL，另取一支移液管分别向 1~4 号容量瓶内加入 $1\mathrm{mol}\cdot\mathrm{L}^{-1}$ 标准 HCl 溶液 5mL、5mL、10mL、10mL（注意依瓶号顺序进行），再分别注入适量的蒸馏水，盖上瓶盖，置于恒温水浴中恒温。

（2）再取 50mL 干净的容量瓶，加入 $2\mathrm{mol}\cdot\mathrm{L}^{-1}$ 标准丙酮溶液至刻度线，置于恒温水浴中恒温。

（3）再取一个 50mL 干净的容量瓶，装满蒸馏水，置于恒温水浴中恒温。

（4）恒温 10min 后，用移液管移取已恒温的丙酮溶液 5mL，迅速加入 1 号容量瓶中，用恒温好的蒸馏水将此混合溶液稀释至刻度，混合均匀，倒入吸收池少许，洗涤三次倾出。然后再注入吸收池（上述操作要迅速），置于光路中，测定透光率，并同时按动秒表。以后每隔 2min 测定透光率一次，测 10~12 次。

5. 测定不同浓度的溶液在不同时间的透光率

用移液管分别移取已恒温的丙酮溶液 10mL、10mL、5mL，分别注入 2~4 号容量瓶，用上述步骤（4）的方法分别测定不同浓度的溶液在不同时间的透光率。

6. 注意事项

（1）上述溶液的配制

编 号	丙酮溶液/mL	盐酸溶液/mL	碘溶液/mL
1	5	5	5
2	10	5	5
3	10	10	5
4	5	10	5

(2) 温度会影响反应速率常数，实验时系统要始终恒温。

(3) 由于碘液见光分解，故从溶液配制到测量应尽量迅速。

(4) 吸收池的位置不得变化。

五、数据记录与处理

1. 数据记录

室温：_____，大气压：_____，恒温槽温度：_____，丙酮标准液浓度：_____，
碘标准液浓度：_____，HCl 标准液浓度：_____

lg$T$ \ 编号 \ t/min									
1									
2									
3									
4									

2. 数据处理

(1) lg$T$ 随时间的变化数据按式(63-8)转变为 c_{I_2} 随时间变化的数据，分别用 c_{I_2}、$\ln c_{I_2}$ 和 $1/c_{I_2}$ 对 t 作图，按符合线性关系最佳者确定碘的反应级数。

(2) 碘的反应级数确定后，即可按四次实验所得直线的斜率求 k'。

(3) 用 1、2 组及 3、4 组实验的数据，代入式(63-6)求丙酮级数 α 的平均值。

(4) 用 1、4 组及 2、3 组实验的数据按式(63-7)求酸级数 β 的平均值。

(5) 利用以上求得的有关数据代入式(63-3)计算反应速率常数 k。

六、反应机理推测

根据实验测得的反应级数及卤化反应速率与卤素几乎无关的事实，一般对丙酮卤化反应机理可作如下推测：

$$CH_3-\underset{A}{\overset{O}{\underset{\|}{C}}}-CH_3 + H^+ \underset{}{\overset{K}{\rightleftharpoons}} \left[CH_3-\underset{B}{\overset{OH}{\underset{\|}{C}}}-CH_3\right]^+ \tag{1}$$

$$\left[CH_3-\underset{B}{\overset{OH}{\underset{|}{C}}}-CH_3\right]^+ \underset{k_{-1}}{\overset{k_1}{\rightleftharpoons}} CH_3-\underset{D}{\overset{OH}{\underset{|}{C}}}=CH_2 + H^+ \tag{2}$$

$$CH_3-\underset{D}{\overset{OH}{\underset{|}{C}}}=CH_2 + X_2 \overset{k_2}{\longrightarrow} CH_3-\underset{E}{\overset{O}{\underset{\|}{C}}}-CH_2X + X^- + H^+ \tag{3}$$

因为丙酮是很弱的碱,所以反应(1)生成的中间体B很少,故有:
$$c_B = K c_A c_{H^+} \tag{63-10}$$

烯醇式D和产物E的反应速率方程为:
$$\frac{dc_D}{dt} = k_1 c_B - (k_{-1} c_{H^+} + k_2 c_{X_2}) c_D \tag{63-11}$$

$$\frac{dc_E}{dt} = k_2 c_{X_2} c_D \tag{63-12}$$

用稳态近似法处理,令 $\frac{dc_D}{dt} = 0$,合并式(63-10)~式(63-12)得:
$$\frac{dc_E}{dt} = \frac{K k_1 k_2 c_A c_{H^+} c_{X_2}}{k_{-1} c_{H^+} + k_2 c_{X_2}} \tag{63-13}$$

若烯醇式D与卤素的反应速率比烯醇式D与 H^+ 的反应速率大得多,即 $k_2 c_{X_2} \gg k_{-1} c_{H^+}$,则式(63-13)可转变为以下简单的形式:
$$\frac{dc_E}{dt} = K k_1 c_A c_{H^+} = k c_A c_{H^+} \tag{63-14}$$

式(63-1)与实验测得的结果完全一致,因此上述推理可能成立。

在一定条件下,特别是当卤素浓度较高时,反应(3)并不停留在一元卤化丙酮上,可能会形成多元取代,故应测定开始一段时间的反应速率。但当 c_{X_2} 偏大或 $c_A c_{H^+}$ 偏小时,因不符合比耳定律或者浓度变化过小,将导致读数误差较大。

思考题

1. 在本实验中,将丙酮溶液加入盐酸和碘的混合液中,并不立即开始计时,而注入吸收池时才开始计时,这样做是否可以?为什么?
2. 影响本实验结果的主要因素是什么?

设计性实验

实验64 H_2O_2 分解反应动力学考察(一级反应)——量气法

一、实验设计要求

在掌握蔗糖水解反应速率常数测定的原理和实验方法的基础上,设计合理的实验方案,采用量气法测定 H_2O_2 分解反应的反应速率常数及半衰期,讨论催化剂、温度对 H_2O_2 分解反应速率常数的影响。

二、仪器与试剂

1. 仪器

磁力搅拌器、量气管。

2. 试剂

$0.1 \text{mol} \cdot \text{L}^{-1}$ KI溶液、30% H_2O_2 溶液。

三、实验设计提示

双氧水的分解反应:

$$H_2O_2 \longrightarrow H_2O + \frac{1}{2}O_2$$

该反应是一级反应,其反应速率遵守以下方程:

$$-\frac{dc_A}{dt} = kc_A \tag{64-1}$$

将式(64-1)积分得:

$$\ln c_A = -kt + \ln c_A^0 \tag{64-2}$$

式中,c_A^0 为反应开始时的浓度。

以 $\ln c_A$ 对时间作图,可得一直线,其斜率为反应速率常数的负值($-k$),截距为 $\ln c_A^0$。

式(64-2)可以改写为以下形式:

$$\ln \frac{c_A}{c_A^0} = -kt \tag{64-3}$$

当 $c_A = \frac{1}{2}c_A^0$ 时,t 可用 $t_{1/2}$ 表示,即为反应的半衰期:

$$t_{1/2} = \frac{\ln 2}{k} = \frac{0.693}{k} \tag{64-4}$$

从式(64-4)可知,在一定温度时,一级反应的半衰期与反应速率常数呈反比,与反应物的起始浓度无关。

该反应在常温、无催化剂存在时分解很慢,加入催化剂后能加快反应。本实验以 KI 为催化剂。从分解反应可知,H_2O_2 的分解反应速率与氧气析出的速率呈正比。以 V_t 和 c_A 表示时间 t 时量气管测得的氧气体积和 H_2O_2 的浓度,V_∞ 表示 H_2O_2 完全分解时的氧气体积,则:

$$c_A \propto (V_\infty - V_t) \tag{64-5}$$

式(64-3)可写作:

$$\ln \frac{V_\infty - V_t}{V_\infty} = -kt \tag{64-6}$$

V_∞ 的求取方法以下两种:

① 外推法 以 $1/t$ 对 V_t 作图,将直线外推至 $1/t=0$,其截距即为 V_∞。

② 完全反应法 反应液在 60℃ 左右约 20min 即可反应完全,量得的氧气体积为 V_∞。

实验 65 甲酸氧化反应动力学考察(一级反应)——电动势法

一、实验设计要求

在掌握电化学原理和简单反应动力学方程的基础上,应用电动势法,设计合理的实验方案,测定甲酸被溴氧化的反应级数和速率常数,并求出反应的活化能。

二、仪器与试剂

1. 仪器

UJ-25 型电位差计、测量池、饱和甘汞电极、50mL 容量瓶、超级恒温水浴、标准电池、电磁搅拌器、铂电极、20mL 移液管、10mL 刻度移液管。

2. 试剂

0.03 mol·L^{-1} 溴水、0.5 mol·L^{-1} 甲酸水溶液、1 mol·L^{-1} KBr 水溶液、1 mol·L^{-1} HCl 水溶液。

三、实验设计提示

甲酸被溴氧化的化学反应式如下：

$$HCOOH + Br_2 \longrightarrow CO_2 + 2Br^- + 2H^+ \tag{65-1}$$

反应的速率方程可写为：

$$-\frac{d[Br_2]}{dt} = k[HCOOH]^m[Br_2]^n \tag{65-2}$$

如果 HCOOH 的初始浓度比 Br$_2$ 大很多，则可以认为在反应过程中 HCOOH 的浓度保持不变，这时式(65-2)可写成：

$$-\frac{d[Br_2]}{dt} = k'[Br_2]^n \tag{65-3}$$

$$k' = k[HCOOH]^m \tag{65-4}$$

实验测得 Br$_2$ 的浓度随时间变化的函数关系，即可确定反应对 Br$_2$ 的级数 n 和速率常数 k'。如果使用两种不同初始浓度的 HCOOH 分别进行测定，则可得两个 k' 值：

$$k_1' = k[HCOOH]_1^m \tag{65-5}$$

$$k_2' = k[HCOOH]_2^m \tag{65-6}$$

联立式(65-5)和式(65-6)即可解出反应对 HCOOH 的级数 m 和速率常数 k。改变不同的温度进行实验，可得到不同温度时的速率常数 k，利用阿伦尼乌斯公式可求得反应的活化能。

本实验采用电动势法检测 Br$_2$ 的浓度随时间的变化。把 Pt 电极放在含 Br$_2$ 和 Br$^-$ 的溶液中，与饱和甘汞电极组成如下的电池：

$$Hg(l), Hg_2Cl_2(s) | Cl^- \| Br^-, Br_2(l) | Pt(s) \tag{65-7}$$

电池反应为：

$$2Hg(l) + 2Cl^- + Br_2(l) \longrightarrow Hg_2Cl_2(s) + 2Br^- \tag{65-8}$$

电池的电动势：

$$E = \varphi^{\ominus}_{Br_2/Br^-} + \frac{RT}{2F} \ln \frac{[Br_2]}{[Br^-]^2} - \varphi_{甘汞} \tag{65-9}$$

如果[Br$^-$]很大，则在反应过程中[Br$^-$]基本保持不变。若电池在反应过程中保持恒温，则 $\varphi_{甘汞}$ 及 $\varphi^{\ominus}_{Br_2/Br^-}$ 均为常数，于是电动势可表示为：

$$E = 常数 + \frac{RT}{2F} \ln[Br_2] \tag{65-10}$$

假定氧化反应对 Br$_2$ 是一级，即 $n=1$，则式(65-3)可写成：

$$-\frac{d[Br_2]}{dt} = k'[Br_2] \tag{65-11}$$

积分得：

$$\ln[Br_2] = 常数 - k't \tag{65-12}$$

将式(65-12)代入式(65-10)得：

$$E = 常数 - k't\frac{RT}{2F} \tag{65-13}$$

对式(65-13)在恒温下对时间 t 微分得：

$$k' = -\frac{2F}{RT}\frac{dE}{dt} \tag{65-14}$$

所以，以 E 对 t 作图，如果得到直线关系，则可证明反应对 Br_2 是一级，并可从直线的斜率求得 k'。

实验 66 蔗糖水解反应速率常数的测定（准一级反应）——分光光度法

一、实验设计要求
基于朗伯-比耳定律，应用分光光度法，设计合理的实验方案，测定蔗糖水解反应速率常数。

二、仪器与试剂
1. 仪器
分光光度计、100mL 容量瓶、移液管、50mL 容量瓶、带有恒温夹层的比色皿、秒表。

2. 试剂
$2\text{mol}\cdot L^{-1}$ HCl 溶液、蔗糖（A.R.）。

三、实验设计提示
蔗糖水解反应的速率方程式请查看实验 61 相关部分内容。

分光光度法是利用物质对光的选择性吸收而建立起来的分析方法。因为物质的分子具有一系列量子化的能级，当物质受到光的照射后，如果光子的能量 $h\nu$ 恰好等于分子激发到高能级上所需的能量时，此波长的光则被分子吸收。在其他影响因素固定的条件下，吸光度与溶液的浓度呈线性关系，由此可根据测量的吸光度确定浓度值。

按照朗伯-比耳（Lambert-Beer）定律，某指定波长的光通过溶液后的光强为 I，通过蒸馏水后的光强为 I_0，则透光率可表示为：

$$T = \frac{I}{I_0} \tag{66-1}$$

并且透光率与浓度之间的关系可表示为：

$$\lg T = \lg\left(\frac{I}{I_0}\right) = -\varepsilon c_A L \tag{66-2}$$

式中 T——透光率；

L——比色皿透光层的厚度；

ε——摩尔吸光系数，其值与吸光物质的种类及照射光的波长等有关。

根据式(66-2)，将速率方程中的浓度 c_A 用 $\lg T$、ε 和 L 代替，测得 T-t 数据。

实验 67 蔗糖水解反应速率影响因素考察

一、实验设计要求
在掌握反应动力学方程及催化原理相关知识的基础上，设计合理的实验方案，考察不同的酸催化剂对反应速率常数的影响。

二、仪器与试剂

1. 仪器

WZZ-2B 自动旋光仪、微型计算机、25mL 容量瓶、25mL 移液管、100mL 锥形瓶、50mL 烧杯、电子天平（或分析天平）、台秤、真空干燥箱。

2. 试剂

HCl、H_2SO_4、HNO_3、蔗糖溶液。

三、实验设计提示

影响蔗糖转化反应速率的因素有反应温度、反应物蔗糖和水的浓度、酸催化剂的种类和浓度等。在催化剂的种类和实验温度一定的情况下，对于蔗糖的稀溶液，由于水是大量存在的，尽管有部分水分子参加了反应，仍可近似地认为整个实验过程中水的浓度是恒定的；同时，催化剂 H^+ 的浓度也保持不变。因此，蔗糖转化反应可称为假一级反应或准一级反应。

蔗糖酸催化条件下的水解反应，当选用不同的酸催化剂（如 HCl、HNO_3、H_2SO_4、$HClO_4$）或同一种酸催化剂浓度不同时，反应速率常数不同。一般认为当 H^+ 浓度较低时，反应速率常数 k 与 H^+ 浓度成正比；当 H^+ 浓度增加时，反应速率常数 k 和 H^+ 浓度不成比例，而且用不同的酸催化剂对反应速率常数的影响也不一样。有文献指出在 30℃ 分别用 HCl 和 H_2SO_4 作催化剂，$[H^+]$ 在 $1\sim3\mathrm{mol \cdot L^{-1}}$ 范围之内速率常数 k 与 H^+ 浓度的关系为：

HCl 催化：

$$k(\mathrm{HCl})=1.8\times10^{-3}+23.70\times10^{-3}\times[H^+]^{1.623}(\mathrm{min}^{-1}) \tag{67-1}$$

H_2SO_4 催化：

$$k(H_2SO_4)=1.8\times10^{-3}+8.296\times10^{-3}\times[H^+]^{1.554}(\mathrm{min}^{-1}) \tag{67-2}$$

实验 68　蔗糖酶催化反应速率常数的测定——酶催化

一、实验设计要求

在掌握反应动力学方程及酶催化反应相关知识的基础上，设计合理的实验方案，测定蔗糖水解在酶催化反应下的速率常数。

二、仪器与试剂

1. 仪器

旋光仪、秒表、烧杯（50mL）、锥形瓶（10mL，250mL）、移液管（1mL，25mL）、容量瓶（100mL）、分析天平。

2. 试剂

蔗糖（A.R.）、鲜酵母、醋酸钠（A.R.）、醋酸（A.R.）。

三、实验设计提示

蔗糖水解反应的速率方程以及旋光法的原理请参考实验 61。

酶催化反应机理分为两步进行：

第一步：
$$E + S \underset{k_{-1}}{\overset{k_1}{\rightleftharpoons}} ES \tag{68-1}$$

其中，S 为反应物（亦称底物）；E 为酶；ES 为中间配合物。k_1、k_{-1} 分别为正、逆反应速率常数。反应平衡常数设为 K。

第二步：
$$ES \overset{k_2}{\longrightarrow} P + E \tag{68-2}$$

其中，P 为产物；k_2 为中间配合物 ES 分解为产物 P 和再生酶 E 的分解反应速率常数。该步反应是速率控制步骤。

采用稳态近似法对 ES 进行处理：
$$\frac{d[ES]}{dt} = k_1[S][E] - k_{-1}[ES] - k_2[ES] = 0 \tag{68-3}$$

$$[ES] = \frac{k_1[S][E]}{k_{-1} + k_2} = \frac{[E][S]}{K_M} \tag{68-4}$$

其中，定义 $K_M = \dfrac{k_{-1} + k_2}{k_1}$，称为米氏常数。

因为 $[E] + [ES] = [E_0]$，其中 $[E_0]$ 为酶的初始浓度，将下式
$$[E] = [E_0] - [ES] \tag{68-5}$$

代入式(68-4)中，整理得：
$$[ES] = \frac{[E_0][S]}{K_M + [S]} \tag{68-6}$$

用产物的生成速率表示反应速率，有：
$$r = \frac{d[P]}{dt} = k_2[ES] = \frac{k_2[E_0][S]}{K_M + [S]} \tag{68-7}$$

对上式取倒数，得：
$$\frac{1}{r} = \frac{1}{k_2[E_0]} + \frac{K_M}{k_2[E_0]} \times \frac{1}{[S]} \tag{68-8}$$

对 $\dfrac{1}{r} - \dfrac{1}{[S]}$ 作图，得一直线，由直线的斜率和截距可求出 k_2 和 K_M。

为了求得反应过程中 r 和 $[S]$ 的数据，可先得到反应物浓度 $[S]$ 与 t 的对应关系，$[S]$ 的数据可由反应过程体系旋光度的变化推算，参考实验 61，再换算到产物浓度 $[P]$ 与 t 的对应关系，作出 $[P]$ 与 t 的关系曲线，测定不同时间 t 对应的斜率可算出反应速率 r 与 t 的关系，最后得到相对应 r 和 $[S]$ 的数据。

实验 69　药物稳定性测定（一级反应）——分光光度法

一、实验设计要求

在掌握反应动力学方程相关知识的基础上，应用分光光度法，设计合理的实验方案，测定四环素降解的速率常数并求出四环素的药物有效期。

二、仪器与试剂

1. 仪器

分光光度计、恒温水浴、分析天平、秒表、50mL 磨口锥形瓶、15mL 吸量管、500mL

容量瓶。

2. 试剂

盐酸四环素、盐酸（A.R.）。

三、实验设计提示

四环素在酸性溶液中（pH＜6），特别是在加热情况下易产生脱水四环素。

在脱水四环素分子中，由于共轭双键的数目增多，因此其色泽加深，对光的吸收程度也较大。脱水四环素在445nm处有最大吸收。

四环素在酸性溶液中变成脱水四环素的反应，在一定时间范围内属于一级反应。生成的脱水四环素在酸性溶液中呈橙黄色，其吸光度A与脱水四环素的浓度呈函数关系。利用这一颜色反应可以测定四环素在酸性溶液中变成脱水四环素的动力学性质。

按一级反应动力学方程式：

$$\ln\frac{c_0}{c}=kt \tag{69-1}$$

式中，c_0为$t=0$时反应物的浓度，$mol \cdot L^{-1}$；c为反应到时间t时反应物的浓度，$mol \cdot L^{-1}$。

设x为经过t时间后反应物消耗掉的浓度，因此，有$c=c_0-x$，代入式（69-1）可得：

$$\ln\frac{c_0-x}{c_0}=-kt \tag{69-2}$$

在酸性条件下，测定溶液吸光度的变化，用A_∞表示四环素完全脱水变成脱水四环素的吸光度，A_t代表在时间t时部分四环素变成脱水四环素的吸光度。则式（69-2）中可用A_∞代替c_0，$A_\infty-A_t$代替c_0-x，即：

$$\ln\frac{A_\infty-A_t}{A_\infty}=-kt \tag{69-3}$$

根据以上原理，可用分光光度法测定反应生成物的浓度变化，并计算反应的速率常数k。实验可在不同温度下进行，测得不同温度下的速率常数k值。依据Arrhenius公式，以$\ln k$对$\frac{1}{T}$作图，得一直线，将直线外推到25℃（即$\frac{1}{298.15K}$处），即可得到该温度时的速率常数$k_{25℃}$值。

根据公式：

$$t_{0.9}=\frac{0.1054}{k_{25℃}} \tag{69-4}$$

可计算出药物的有效期。

实验70 乙酸甲酯水解反应速率常数的测定（二级反应）
——化学分析法

一、实验设计要求
在掌握反应动力学方程及 Arrhenius 公式相关知识的基础上，应用化学分析法，设计合理的实验方案，测定乙酸甲酯水解反应的速率常数及活化能。

二、仪器与试剂
1. 仪器

恒温水浴、玻璃水槽（2000mL）、秒表、锥形瓶（270mL）、碘量瓶（270mL、100mL）、量筒（100mL）、量杯（70mL）、碱式滴定管、移液管（5mL）。

2. 试剂

CH_3COOCH_3（C.P.）、酚酞指示剂、NaOH 溶液（0.2000 mol·L^{-1}）、HCl 溶液（1.00 mol·L^{-1}）、冰块。

三、实验设计提示
乙酸甲酯水解反应按下式进行

$$CH_3COOCH_3(A) + H_2O \xrightarrow{H^+} CH_3COOH + CH_3OH \tag{70-1}$$

$$-\frac{dc_A}{dt} = k' c_{H^+} c_{H_2O} c_A \tag{70-2}$$

式中，k' 为反应的速率常数，c_{H^+}、c_{H_2O}、c_A 分别为 H^+、H_2O、CH_3COOCH_3 的浓度。

由于反应是在大量强酸中进行，且水是大量存在的，因此该反应的速率方程可表示为：

$$-\frac{dc_A}{dt} = k c_A \tag{70-3}$$

$$\ln c_A = -kt + \ln c_{A,0} \tag{70-4}$$

测定反应过程中乙酸甲酯的浓度随时间变化的数据，作 $\ln c_A$-t 图得一直线，由直线的斜率即可求出乙酸甲酯水解反应的速率常数 k。使用化学分析法测定反应过程中乙酸甲酯的浓度。

乙酸甲酯的浓度不能直接以化学分析法迅速、简便而准确地测定，但根据水解反应计量方程式可知，每生成 1mol 甲酸必消耗 1mol 乙酸甲酯，而且催化剂 HCl 在整个反应过程中浓度不变，因此，t 时刻乙酸甲酯的浓度可变换如下：

$$[CH_3COOCH_3]_t = [CH_3COOCH_3]_0 - [CH_3COOH]_t$$
$$= [CH_3COOH]_\infty - [CH_3COOH]_t$$
$$= \{[H^+(溶液)]_\infty - [HCl]\} - \{[H^+(溶液)]_t - [HCl]\}$$
$$= [H^+(溶液)]_\infty - [H^+(溶液)]_t$$
$$= \frac{cV_\infty}{V_{溶液}} - \frac{cV_t}{V_{溶液}} = \frac{c(V_\infty - V_t)}{V_{溶液}} \tag{70-5}$$

式中，$[CH_3COOCH_3]_0$、$[CH_3COOCH_3]_t$ 及 $[CH_3COOH]_\infty$ 分别为乙酸甲酯在反应

开始、某时刻 t 及完全水解时甲酸的浓度；V_t、V_∞ 分别为时刻 t、完全水解时所消耗的 NaOH 滴定溶液的体积；c 为 NaOH 的浓度；$V_{溶液}$ 为所取反应溶液的体积。

将式(70-5)代入式(70-4)，得：

$$\ln\frac{c(V_\infty-V_t)}{V_{溶液}}=-kt+\ln c_{A,0} \tag{70-6}$$

即

$$\ln(V_\infty-V_t)=-kt+\ln\frac{c_{A,0}V_{溶液}}{c} \tag{70-7}$$

用化学分析法测定不同时刻 t 对应的 V_t 以及 V_∞，以 $\ln(V_\infty-V_t)$ 对 t 作图，得一直线，由直线斜率可求出该反应的速率常数 k。

若测得两个不同温度 T_1、T_2 下反应速率常数的值 k_{T_1}、k_{T_2}，则可根据 Arrhenius 公式计算反应的活化能 E_a。

$$E_a=\ln\frac{k_{T_2}}{k_{T_1}}\times\frac{RT_2T_1}{T_2-T_1} \tag{70-8}$$

实验 71 丙酮碘化反应速率常数的测定（复杂反应）
——化学分析法

一、实验设计要求

在掌握分光光度法测定丙酮碘化反应的速率常数的原理和方法的基础上，设计合理的实验方案，利用化学分析法求取丙酮碘化反应的速率常数。

二、仪器与试剂

1. 仪器

超级恒温水浴、容量瓶、移液管。

2. 试剂

丙酮溶液、碘液、碘化钾、盐酸、$NaHCO_3$、$Na_2S_2O_3$、淀粉。

三、实验设计提示

由分光光度法测丙酮碘化反应的速率常数的实验结果可知，丙酮碘化反应中 I_2 的浓度 c_{I_2} 与反应时间 t 满足直线关系，关系式如下：

$$c_{I_2}=-kc_A c_{H^+}t+常数 \tag{71-1}$$

因此从直线的斜率可求得速率常数 k。

假设丙酮初始浓度为 c_A^0，经反应时间 t 后，消耗的丙酮浓度为 x，则根据反应方程式可知：

$$-d(c_A^0-x)/dt=k(c_A^0-x)(c_{H^+}^0+x) \tag{71-2}$$

积分上式后，利用 $\ln[(c_{H^+}^0+x)/(c_A^0-x)]$ 对 t 作图得一直线，由其斜率可得速率常数 k。设计一个实验，测试不同反应时间的 x 值。

可用容量瓶作反应器，$NaHCO_3$ 作终止反应的阻止剂，用 $Na_2S_2O_3$ 标准液对溶液进行滴定，淀粉作指示剂。

实验 72　丙酮碘化反应速率常数的测定（复杂反应）——电动势法

一、实验设计要求

在掌握分光光度法测定丙酮碘化反应的速率常数及电动势法测定热力学函数实验的原理和方法的基础上，设计合理的实验方案，通过丙酮碘化反应过程中的电动势变化来追踪 I_2 浓度的变化，确定反应的速率常数。

二、仪器与试剂

1. 仪器

移液管、烧杯、饱和甘汞电极、铂电极、超级恒温水浴、数字电动势综合测试仪。

2. 试剂

丙酮溶液、碘溶液、碘化钾、盐酸。

三、实验设计提示

由分光光度法测丙酮碘化反应的速率常数的实验结果可知，丙酮碘化反应中 I_2 的浓度 c_{I_2} 与反应时间 t 满足直线关系，关系式如下：

$$c_{I_2}=-kc_A c_{H^+} t+常数 \tag{72-1}$$

因此从直线的斜率可求得速率常数 k。

根据丙酮碘化反应的方程式可设计原电池如下：

$$Hg(l)|Hg_2Cl_2(s)|KCl(饱和)|丙酮(a),碘溶液(a)|Pt$$

该电池电动势为：

$$E=\varphi_+ - \varphi_- = 0.2985V + \frac{RT}{2F}\ln a_{I_2} - \frac{RT}{F}\ln a_{I^-} \tag{72-2}$$

由于式中有 I_2 和 I^- 两个变量，所以必须想办法使其变为一个变量。可以采取使溶液中 I^- 过量的方法，即向反应溶液中加入过量的 I^-，使反应生成的 I^- 忽略不计，即反应前后溶液中的 I^- 不变，这样就可以把上式中的 $\frac{RT}{F}\ln a_{I^-}$ 项归为常数项中，从而通过测定反应中电动势 E 的变化来跟踪 I_2 的浓度变化。可采用对消法测电池电动势。

结构化学

基础实验

实验 73　莫尔盐磁化率的测定

一、实验目的

(1) 掌握古埃磁天平法测定磁化率的原理和方法。

(2) 测定一些配合物的磁化率，推断中心离子未成对电子数，确定其电子结构，判定配位键和配合物的类型。

二、实验原理

1. 磁化率及其相关概念

实验证明，所有物质在电磁场中都会磁化，磁化的程度可用磁化强度 I 来衡量。对非铁磁质物质，I 与磁场强度 H 成正比：

$$I = \chi H \tag{73-1}$$

式中 χ——磁化率，即当 $H=1$ 时的 I。

(1) 磁化率的表示方法

① 体积磁化率 χ，量纲为 1（因 I 与 H 同单位）。

② 质量磁化率 χ_m（$\chi_m = \chi/\rho$，ρ 是物质的密度），单位为 $m^3 \cdot kg^{-1}$，即为 1kg 物质中被磁化了的体积。

③ 摩尔磁化率 χ_M（$\chi_M = \chi_m M = \chi M/\rho$，$M$ 是物质的摩尔质量），单位为 $m^3 \cdot mol^{-1}$，1mol 物质中被磁化了的体积。

(2) 磁化率的物理意义

① 对非铁磁质。磁化率是非铁磁质的一个磁学强度性质，数值大小与 H 无关，描述了物质被磁化的难易程度，χ 在化学中有极为广泛的应用。从磁学角度，所有物质都可视为磁质，χ 是对磁质分类的一个基本依据：

当 $\chi < 0$ 时，I、H 矢量反向，为反磁质；

当 $\chi > 0$ 时，I、H 矢量同向，为顺磁质。

② 对铁磁质。$\chi \gg 0$ 时，I、H 同向，但 $I = \chi H^a$（$a > 1$），且 χ 与 H 有关，随 H 增加而剧增，并有鲜明的磁饱和性及剩磁性。

(3) 顺磁磁化率、反磁磁化率及顺磁质磁化率

顺磁质分子中的核自旋、电子绕核运动及其自旋，使分子具有永久磁矩，即每个顺磁性分子皆具磁性。但在无外加磁场时，大量磁矩随机取向，宏观上并不呈现磁性。当在外加磁场中，固有磁矩顺着磁场方向呈现一定程度的有序取向，故呈顺磁性。此外，电子轨道平面在磁场中产生拉摩进动使分子具诱导磁矩，诱导磁矩使顺磁质呈现反磁性。相应的磁化率分别称为顺磁磁化率 χ_s 和反磁磁化率 χ_f，顺磁质磁化率等于两者之和。现作如下近似：

① 对于顺磁性物质，$\chi_s \gg \chi_f$，可略去 χ_f 的贡献。

② 在 χ_s 中，核磁极小，可忽略不计。

③ 由于邻近分子相互影响和多电子轨道磁矩相互干扰，使轨道磁矩基本抵消。

④ 闭壳层电子全部配对，电子自旋磁矩全部抵消。

所以，根据上述近似可知，顺磁质磁化率仅与未偶电子的自旋磁矩有关。故用居里公式可求出分子（包括原子、离子、自由基等）的固有磁矩：

$$\mu = \left(\frac{3kT}{N_A} \cdot \chi_M\right)^{\frac{1}{2}} \tag{73-2}$$

式中 N_A——阿伏伽德罗常数，$N_A = 6.022 \times 10^{23}$ 个·mol^{-1}；

k——玻尔兹曼（Boltzmann）常数，$k = 1.380662 \times 10^{-23} J \cdot K^{-1}$（SI），$1.3806 \times 10^{-16} erg$❶$\cdot K^{-1}$（CGS）；

---

❶ 1 尔格（erg）= 1×10^{-7} 焦耳（J）。

T——热力学温度，K。

从而求出分子（包括原子、离子、自由基等）中的未偶电子数 n：

$$n = \sqrt{1 + \left(\frac{\mu}{\mu_B}\right)^2} - 1 \tag{73-3}$$

式中 μ_B——玻尔磁子，9.274×10^{-24} J·T^{-1}（SI），9.27×10^{-21} erg·T^{-1}（CGS）。

由以上各式可见，只要用实验测出配合物的 χ_M，就能了解配合中心离子的电子结构，进而对配位键和配合物的类型作出判断。

2. 磁化率的测定方法

测定磁化率的方法很多，如共振法、天平法等。天平法有法拉第天平法、古埃天平法（图73-1）等。古埃天平法除永磁天平法和电磁天平法外，还有在特殊条件下使用的磁天平，如低温磁天平。下面主要介绍一下电磁天平法。

电磁天平由磁强度可调的电磁铁（剩磁性越小越好）、稳压稳流电源、高斯计、精密天平等几部分构成。高为 h，横截面积为 A，密度和粒度均匀的样品柱悬于磁极间隙中，并使样柱底截面处于磁极中心，样品即被磁化。由于磁场是不均匀的，故样品内体积元 $dV = A\,dh$ 在磁场强度梯度方向受到的作用力为：

$$df_H = (\chi - \chi_0) \cdot dV \cdot H \frac{dH}{dh} = (\chi - \chi_0) A \cdot H\,dH \tag{73-4}$$

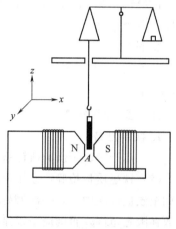

图 73-1 古埃磁天平示意图

式中 χ_0——样品周围介质（样管、空气）的磁化率。

由磁场中心 H 到样柱顶端 H_0 积分，可得样品受到的作用力：

$$f_H = \int_H^{H_0} (\chi - \chi_0) A H\,dH = -\frac{\chi - \chi_0}{2} A(H^2 - H_0^2) \tag{73-5}$$

同时样品还受到地球引力：

$$f_W = \int_{W_0}^{W_H} g\,dW = g(W_H - W_0) \tag{73-6}$$

式中 W_H, W_0——样品分别在磁场中和不在磁场中的质量。

因 $f_W = -f_H$，故得：

$$\chi = \chi_0 + \frac{2g}{A} \frac{W_H - W_0}{H^2 - H_0^2} \tag{73-7}$$

引入 $\chi_M = \chi_m M = \chi M/\rho$，$\rho = M_0/V = W_0/(A \cdot h)$，并略去 χ_0（空气的 χ_0 很小，样管由很小的玻璃制成）和 H_0（样柱足够高，使样柱顶端接近磁场边缘），得：

$$\chi_M = \frac{2gMh}{H^2}\left(\frac{W_H}{W_0} - 1\right) \tag{73-8}$$

式中 h——样品的高度，cm（用直尺量出）；

M——样品的摩尔质量，kg·mol^{-1}；

g——当地的重力加速度，980.665 cm·s^{-2}；

W_0, W_H——样品分别在磁场强度为 0 和 H 时的质量（用天平测出），g；

H——磁场强度,用高斯计测出,高斯计使用前要用莫尔盐校准,已知莫尔盐的 χ_m 与热力学温度(T)的关系为:

$$\chi_m = \frac{9500}{T+1} \times 4\pi \times 10^{-9} (\mathrm{m^3 \cdot kg^{-1}}) = \frac{9500}{T+1} \times 10^{-6} (\mathrm{cm^3 \cdot g^{-1}}) \tag{73-9}$$

故根据以上两式可求得 H:

$$H = \left[\frac{2gh(T+1)}{9.5 \times 10^{-3}} \left(\frac{W_H}{W_0} - 1 \right) \right]^{\frac{1}{2}} \tag{73-10}$$

三、仪器与试剂

1. 仪器

古埃磁天平(图73-1)、研钵、角匙、样品管、小漏斗、刻度直尺、平头玻璃棒(棒径与样管内径一致)。

2. 试剂

莫尔盐$(NH_4)_2SO_4 \cdot FeSO_4 \cdot 6H_2O$、$FeSO_4 \cdot 7H_2O$、$CuSO_4 \cdot 5H_2O$、$K_4[Fe(CN)_6] \cdot 3H_2O$ 等。

四、实验步骤

1. 实验准备

(1) 用干净、干燥的研钵将样品研细备用。

(2) 铁磁质量检验:以用电磁天平为例。输入励磁电流 I,使 $H=240\mathrm{mT}$(高斯计探头应调至磁极间隙中心,一次调好,勿动),记录 I。减小 I,再增至同一电流,重复5次(H读数在限定范围,否则应予以排除,直至合格)。

2. 用莫尔盐标定 H

取一支洁净、干燥的空样品管,垂直悬挂在磁天平的悬线上,使样品管底截面与磁极中心线平齐(与磁极和探头尽量靠近而不能触及)。静止后,准确称取空样品管质量 W'_{01},托起天平;通入励磁电流,使古埃天平 $H=240\mathrm{mT}$,迅速称重 W'_{H1},托起天平;然后略微加大励磁电流,使 H 增大到 $300\mathrm{mT}$,随即退回到 $240\mathrm{mT}$;再次称重 W'_{H2},托起天平;切断励磁电流,再次称重 W'_{02},托起天平,取下样管(勿直接用手触及管壁)。

将研细的莫尔盐用小漏斗装入样品管,并将样品管在软垫上轻击数次,使样品均匀填实,直至样品柱高15~17cm,用平头玻棒压平样品顶面。测样柱高 h(改换方位重复5~7次,弃去最大值及最小值,以其余值取平均值为 h)。用吸水纸拭去管外残物后挂于天平悬线上。要求同前,同法称取 W_{01}、W_{H1}、W_{H2}、W_{02}。记录磁场附近温度 T,取下样管倒出莫尔盐,将样品管洗净烘干。

用上法测 $FeSO_4 \cdot 7H_2O$、$K_4[Fe(CN)_6] \cdot 3H_2O$、$CuSO_4 \cdot 5H_2O$ 等样品的 h 及 W_{01}、W_{H1}、W_{H2}、W_{02}。

3. 注意事项

(1) 所测样品应事先研细,样品管应干燥、洁净,装样时应使样品均匀填实。

(2) 悬线及悬挂的样品管勿与任何物体接触。

(3) 回收测定后未污染的药品时,要注意瓶上的标签,切忌倒错瓶子。

(4) 注意在关闭磁天平电源时,应先检查电流和磁感应强度是否为零,若不为零,先将其关为零,再关闭电源开关,否则会损坏仪器。

(5) 在使用分析天平时，应严格规范操作，以免损伤天平，给实验带来较大误差。

(6) 实验结束后，按规定关闭电源，清理药品杂物。

五、数据记录与处理

1. 数据记录

室温：_____

测定数据		称量 (m)/g			
H/mT		0	240	240	0
真空管		$W'_{01}=$	$W'_{H1}=$	$W'_{H2}=$	$W'_{02}=$
莫尔盐	高度 1	$W_{01}=$	$W_{H1}=$	$W_{H2}=$	$W_{02}=$
	高度 2	$W_{01}=$	$W_{H1}=$	$W_{H2}=$	$W_{02}=$
样品 1	高度 1	$W_{01}=$	$W_{H1}=$	$W_{H2}=$	$W_{02}=$
	高度 2	$W_{01}=$	$W_{H1}=$	$W_{H2}=$	$W_{02}=$
样品 2	高度 1	$W_{01}=$	$W_{H1}=$	$W_{H2}=$	$W_{02}=$
	高度 2	$W_{01}=$	$W_{H1}=$	$W_{H2}=$	$W_{02}=$
样品 3	高度 1	$W_{01}=$	$W_{H1}=$	$W_{H2}=$	$W_{02}=$
	高度 2	$W_{01}=$	$W_{H1}=$	$W_{H2}=$	$W_{02}=$

2. 数据处理

（1）标定磁场强度（H）：根据真空管的 $W'_0=\dfrac{W'_{01}+W'_{02}}{2}$ 及 $W'_H=\dfrac{W'_{H1}+W'_{H2}}{2}$，求莫尔盐的 $W_0=\dfrac{W_{01}+W_{02}}{2}-W'_0$ 及 $W_H=\dfrac{W_{H1}+W_{H2}}{2}-W'_H$；将莫尔盐的 W_0、W_H 及 h、T 代入式(73-10)，求 H。

（2）依上求各样品的 W_0、W_H，将 W_0、W_H 和相应的 M、h 以及 H、g 代入式(73-8)，可得出 χ_M；将 χ_M 代入式(73-2) 求 μ；将 μ 引入式(73-3)，即可得出中心离子未成对电子数 n。

（3）依据各中心离子的电子排布形式，推断配合物中心离子与配体间的配位键的类型和配合物的类型。

（4）结果要求及文献值。

① 结果要求：$FeSO_4 \cdot 7H_2O$，$\mu=(5.1\pm0.2)\mu_B$ 或 $\chi_M=(1.1\pm0.2)\times10^{-2} cm^3 \cdot mol^{-1}$ 或 $\chi_m=39.6\times10^{-6} cm^3 \cdot g^{-1}$。

② 文献值：$FeSO_4 \cdot 7H_2O$，$\chi_m=41.5\times10^{-6} cm^3 \cdot g^{-1}$，理论值为 $\mu=4.90\mu_B$。

思考题

1. 在推导式(73-8) 时曾作过哪些近似处理？
2. 装样和测样柱高时应注意哪些问题？
3. 在什么情况下用磁化率推断配离子类型的判据失效？为什么？

实验 74　偶极矩的测定

一、实验目的

（1）了解分子偶极矩与分子电性质的关系。

(2) 掌握溶液法测定分子偶极矩的实验方法。

二、实验原理

1. 偶极矩与极化度

分子结构可以近似地看成是由电子云和分子骨架（原子核及内层电子）构成的。分子呈电中性，但由于不同分子的空间构型不同，其正、负电荷中心有可能重合，也有可能不重合。正、负电荷中心重合的分子称为非极性分子，不重合的称为极性分子。分子极性的大小可以用偶极矩 μ 来度量，其定义见式(74-1)。

$$\mu = q \cdot d \tag{74-1}$$

式中，q 是电荷中心所带的电荷量；d 为正、负电荷中心之间的距离。偶极矩是一个矢量，其方向规定为从正到负。因为分子中原子间距离的数量级为 10^{-10} m，电荷的数量级为 10^{-20} C，所以偶极矩的数量级为 10^{-30} C·m。

极性分子具有永久偶极矩，在没有外电场存在时，因为分子的热运动，偶极矩指向各个方向的机会均等，所以偶极矩的统计值为零。若将极性分子置于均匀的电场中，偶极矩会在电场的作用下趋向电场方向排列，称为分子极化，极化的程度可以由摩尔极化度 p 来衡量。摩尔极化度 p 还可以细分为由分子转向导致的摩尔转向极化度 $p_{转向}$，以及因为分子变形（电子云对分子骨架发生相对移动和分子骨架的变形）所导致的摩尔变形极化度 $p_{变形}$（或称为诱导极化度）。而 $p_{变形}$ 等于电子极化度 $p_{电子}$ 与原子极化度 $p_{原子}$ 之和。

$$p = p_{转向} + p_{变形} = p_{转向} + (p_{电子} + p_{原子}) \tag{74-2}$$

已知 $p_{转向}$ 与永久偶极矩 μ 的平方成正比，与热力学温度成反比。即

$$p_{转向} = \frac{4}{9}\pi N_A \frac{\mu^2}{kT} \tag{74-3}$$

式中，k 为玻尔兹曼常数；N_A 为阿伏伽德罗常数。$p_{变形}$ 与外电场强度成正比，与温度无关。

对于非极性分子，因其 $\mu = 0$，所以其 $p_{转向} = 0$，故 $p = p_{电子} + p_{原子}$。

如果外电场是交变电场，极性分子的极化情况与交变电场的频率有关。当处于电场频率小于 10^{10} s^{-1} 的低频电场中时，极性分子所产生的摩尔极化度 $p = p_{转向} + p_{变形} = p_{转向} + (p_{电子} + p_{原子})$。当处于电场频率为 $10^{12} \sim 10^{14}$ s^{-1} 的中频电场中时（红外区），电场的交变周期小于偶极矩的弛豫时间，极性分子的转向运动跟不上电场变化，即极性分子无法沿外电场方向定向，所以 $p_{转向} = 0$，此时分子的摩尔极化度 $p = p_{变形} = p_{电子} + p_{原子}$。当处于电场频率大于 10^{15} s^{-1} 的高频电场中时（紫外及可见光区）时，极性分子的转向运动和分子骨架变形都跟不上电场的变化，此时极性分子的摩尔极化度 $p = p_{电子}$。

因此，分别在低频和中频电场中测量待测极性分子的摩尔极化度，再将这两个测量值相减，即得极性分子的摩尔转向极化度 $p_{转向}$，将其代入式(74-3)即可算出永久偶极矩 μ。因为 $p_{原子}$ 只占 $p_{变形}$ 的 5%~15%，而由于实验条件的限制，所以一般用高频电场代替中频电场，近似地把高频电场下测得的摩尔极化度当做摩尔变形极化度，即 $p = p_{变形} = p_{电子}$。

2. 极化度与偶极矩的测定

克劳修斯、莫索蒂和德拜（Clausius-Mosotti-Debey）从电磁理论推得摩尔极化度 p 与相对介电常数 ε_r 之间的关系为

$$p = \frac{\varepsilon_r - 1}{\varepsilon_r + 2} \times \frac{M}{\rho} \tag{74-4}$$

式中，M 为摩尔质量；ρ 为密度。因式(74-4)是假定分子与分子间无相互作用而得出的，故只适用于温度不太低的气相系统。但测定气相介电常数和密度在实验上困难较大，而且某些物质无法获得稳定的气相状态，所以后来提出了溶液法，即将待测分子溶于非极性溶剂中测定偶极矩。考虑到溶质分子在溶液中会受到溶质分子之间、溶剂与溶质分子之间的相互作用影响，采用测定不同浓度溶液中溶质的摩尔极化度并外推至无限稀释的方法，因此时溶质分子的状态与气相状态时相近，从而消除分子间的相互作用影响。在无限稀释时，溶质的摩尔极化度 p_2^∞ 就可以看做式(74-4)中的摩尔极化度 p。

$$p = p_2^\infty = \lim_{x_2 \to 0} p_2 = \frac{3\alpha\varepsilon_{r1}}{(\varepsilon_{r1}+2)^2} \times \frac{M_1}{\rho_1} + \frac{\varepsilon_{r1}-1}{\varepsilon_{r1}+2} \times \frac{M_2 - \beta M_1}{\rho_1} \tag{74-5}$$

式中，ε_{r1}、M_1 和 ρ_1 分别为溶剂的相对介电常数、摩尔质量和密度；M_2 为溶质的摩尔质量。α、β 均为常数，可以分别由式(74-6)和式(74-7)求得：

$$\varepsilon_{r溶} = \varepsilon_{r1}(1 + \alpha x_2) \tag{74-6}$$

$$\rho_溶 = \rho_1(1 + \beta x_2) \tag{74-7}$$

式中，$\varepsilon_{r溶}$、$\rho_溶$ 和 x_2 分别为溶液的相对介电常数、密度和溶质的摩尔分数。先测定纯溶剂的 ε_1、ρ_1 和不同浓度 (x_2) 溶液的 $\varepsilon_{r溶}$、$\rho_溶$，再依据式(74-6)和式(74-7)求得 α、β，最后由式(74-5)计算溶质分子的总摩尔极化度。

依据光的电磁理论，在同一频率的高频电场作用下，透明物质的相对介电常数 ε_r 与折射率 n 的关系为：

$$\varepsilon_r = n^2 \tag{74-8}$$

通常使用摩尔折射度 R_2 来表示高频电场下测得的极化度，而此时 $p_{转向} = 0$，$p_{原子} = 0$，所以

$$R_2 = p_{变形} = p_{电子} = \frac{n^2 - 1}{n^2 + 2} \times \frac{M}{\rho} \tag{74-9}$$

测定不同浓度溶液的摩尔折射度 R，并外推至无限稀释，即可以得到溶质的摩尔折射度，计算公式为：

$$R_2^\infty = \lim_{x_2 \to 0} R_2$$
$$= \frac{n^2 - 1}{n^2 + 2} \times \frac{M_2 - \beta M_1}{\rho_1} + \frac{6n_1^2 M_1 \gamma}{(n_1^2 + 2)^2 \rho_1} \tag{74-10}$$

式中，n_1 为溶剂摩尔折射率；γ 为常数，可以由下式求得。

$$n_溶 = n_1(1 + \gamma x_2) \tag{74-11}$$

式中，$n_溶$ 为溶液的摩尔折射率，x_2 为溶质的摩尔分数。综上所述，可得：

$$p_{转向} = p_2^\infty - R_2^\infty = \frac{4}{9} \pi N_A \frac{\mu^2}{kT} \tag{74-12}$$

$$\mu = 0.0128 \sqrt{(p_2^\infty - R_2^\infty)T} \quad \text{(D)}$$
$$= 0.0426 \times 10^{-30} \sqrt{(p_2^\infty - R_2^\infty)T} \quad \text{(C·m)} \tag{74-13}$$

永久偶极矩 μ 的单位为德拜（D），或为库仑·米（C·m）。

3. 相对介电常数的测定

相对介电常数 ε_r 是通过测量电容，再计算求得。其定义为：

$$\varepsilon_r = \frac{C_c}{C_0} \tag{74-14}$$

式中，C_0 为电容器两极板间处于真空状态时的电容，实验中常近似使用在空气中测得的电容 $C_{空}$ 来代替 C_0；C_c 为电容器两极板间充满电介质时的电容。在使用小电容测量仪时，实际测定值 C_x 除了包含 C_c 之外，还包含测试系统的分布电容 C_d，即 $C_x = C_c + C_d$。同一台仪器的 C_d 是一个恒定值，可以通过测定已知相对介电常数的标准物质并计算求得。此后在每一次测定的 C_x 中扣除 C_d 即得 C_c。

三、仪器与试剂

1. 仪器

精密电容测定仪、密度管、数字阿贝折射仪、超级恒温水浴、容量瓶（25mL）、注射器（5mL）、烧杯（10mL）、刻度移液管（5mL）、滴管。

2. 试剂

乙酸乙酯（A.R.）、环己烷（A.R.）。

四、实验步骤

1. 配制溶液

以环己烷作为溶剂，配制摩尔分数 x_2 分别为 0.05、0.10、0.15、0.20、0.30 的乙酸乙酯溶液各 25mL。为配制方便，可以先算出所需乙酸乙酯的体积，移液后准确称量，再计算出溶液的准确浓度。这样做的目的是为了减小乙酸乙酯挥发带来的误差。

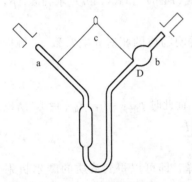

图 74-1　比重管示意图

2. 密度测定

将奥斯瓦尔德-斯普林格（Ostwald-Sprengel）比重管（如图 74-1 所示）干燥后称重得 m_0，然后取下两个支管上的磨口小帽。将 a 支管的管口插入蒸馏水中，用针筒连以橡皮管从 b 支管管口缓缓抽气，将蒸馏水吸入比重管内，直至蒸馏水充满 b 支管的小球。盖上两个支管的磨口小帽，用不锈钢丝 c 将比重管吊在（25±0.1）℃的恒温水浴中，恒温 10min。然后取下两个支管小帽，将比重管的 b 支管略向上仰，用滤纸从 a 支管管口吸去管内多余的蒸馏水，调节 b 支管的液面至刻度 D。从恒温槽中取出比重管，先套上 a 支管小帽，再套上 b 支管小帽。用滤纸吸干比重管外壁的水后，用天平准确称重得 m_{H_2O}。以同样的方法测量环己烷和 5 个待测溶液的质量 m_i，再用以下公式求密度。

$$\rho_i^{25℃} = \frac{m_i - m_0}{m_{H_2O} - m_0} \rho_{H_2O}^{25℃} \tag{74-15}$$

式中，$\rho_i^{25℃}$、$\rho_{H_2O}^{25℃}$ 分别为 25℃时溶液和水的密度。

3. 折射率的测定

在（25±0.1）℃的温度下，用数显阿贝折射仪测定环己烷和 5 个待测溶液的折射率。

4. 相对介电常数的测定

（1）分布电容 C_d 的测定

在量程选择键全部弹起的状态下，打开精密电容测定预热 10min。仪器调零，选择量程为 20pF，待读数稳定后记录数值，重复两次，取平均值为 $C'_{空}$。

打开电容池盖，用滴管将环己烷加入电容池直至刻度线，盖上电容池盖恒温 10min。同上法重复测定 2 次，取平均值为 $C'_{标}$。然后用注射器抽去电容池内样品回收，再用无水乙醇洗涤电容池，并用电吹风吹干，直至显示读数与 $C'_\text{空}$ 基本一致（误差<0.02pF）。

环己烷介电常数与温度的关系式为 $\varepsilon_\text{标}=2.023-0.0016(t-20)$，$t$ 为测量温度（℃），故在25℃时环己烷的 $\varepsilon_\text{标}=2.015$。再用式(74-16) 计算 C_d。

$$C_\text{d}=\frac{C'_\text{空}\varepsilon_\text{标}-C'_\text{标}}{\varepsilon_\text{标}-1} \tag{74-16}$$

（2）待测溶液 C_c 的测定

用同样的方法测定待测溶液的电容得 C_x，再减去分布电容 C_d 后即得待测溶液的 C_c。最后用式(74-14) 计算各待测溶液的相对介电常数 ε_r。

五、数据记录与处理

1. 数据记录

项目		环己烷	1	2	3	4	5
摩尔分数 x_2							
密度 ρ							
折射率 n							
$C'_\text{空}$	1						
	2						
	平均						
$C'_\text{标}$	1						
	2						
	平均						
溶液 C_x	1						
	2						
	平均						

2. 用各溶液的折射率 n 对摩尔分数 x_2 作图，求得 γ 值，参考式(74-11)。

3. 计算环己烷和各待测溶液的密度 ρ，作 ρ-x_2 图，求得 β 值，参考式(74-7)。

4. 计算 C_d 和各待测溶液的 C_c，再计算各待测溶液的相对介电常数 ε_r，作 ε_r-x_2 图，求得 α 值，参考式(74-14) 和式(74-6)。

5. 根据式(74-5) 和式(74-10) 分别计算 p_2^∞、R_2^∞，并求得偶极矩 μ。

思考题

1. 准确测定溶质摩尔极化度和摩尔折射率时，为什么要外推至无限稀释？
2. 本实验的测定方法作了哪些近似处理？
3. 用溶液法测定物质的偶极矩时，所选用的溶剂需具备哪些条件？

设计性实验

实验75　$Fe(ClO_4)_3$ 的水解反应考察——磁化率法

一、实验设计要求

在掌握古埃磁天平使用方法的基础上，利用溶液磁化率为溶质和溶剂磁化率加和的原理，设计合理的实验方案，测定三价铁盐 $Fe(ClO_4)_3$ 的水解程度。

二、仪器与试剂

1. 仪器

古埃磁天平、特斯拉计、样品管数支、样品管架、直尺。

2. 试剂

$Fe(ClO_4)_3$、$NaClO_4$、$NaOH$。

三、实验设计提示

顺磁性物质的质量在磁场中会发生变化,由此可得到物质的结构等方面的信息。溶液的磁化率可用水作为校准剂来测定:

$$\kappa_{溶液}=\frac{\Delta W_{溶液}}{\Delta W_{水}}(\kappa_{水}-\kappa_0)+\kappa_0 \tag{75-1}$$

$$\chi_{溶液}=\frac{\kappa_{溶液}}{\rho_{溶液}} \tag{75-2}$$

式中,$\kappa_{溶液}$、$\chi_{溶液}$分别为溶液的表观磁化率和真实磁化率;κ_0是空气的体积磁化率。溶液的磁化率是由溶质和溶剂磁化率加和而成的,有如下关系:

$$\chi_{溶液}=\chi_{溶质}w+\chi_{溶剂}(1-w) \tag{75-3}$$

式中,w为溶质的质量分数。由于溶质在溶液中可以多种形式存在,因此由实验得到的溶质离子的磁化率或磁矩实际上是其平均结果。由于铁在不同状态下其磁矩不同,因而可以通过磁技术测定Fe^{3+}的水解或缔合。

第三章

常用实验仪器

仪器 1　测温仪器

当两个温度不同的物体相接触时,必然有能量以热的形式由高温物体传至低温物体;而当两个物体处于热平衡时,它们的温度必然相同,这是温度测量的基础。

温度的数值表示方法称为温标。温度的量值与温标的选定有关。我国规定自 1991 年 7 月 1 日起,施行 1990 年国际温标(ITS—90)。

众所周知,热力学温度是国际单位制(SI)的七个基本单位之一,用符号 T 表示,其单位是开尔文,单位符号是 K。1K 等于水的三相点热力学温度的 1/273.16。

由于摄氏温标使用较早,人们更为熟悉。故把它作为具有专门名称的 SI 导出单位保留了下来,用符号 t 表示,单位的符号是℃。摄氏度的定义是:

$$t = T - 273.15 \tag{Ⅲ-1}$$

根据新定义,热力学温标与摄氏温标的分度值相同,两者之间只差一个常数,故温度差既可用 ΔT 表示,也可用 Δt 表示。

用于测量温度的物质,都具有某些与温度密切相关而又能严格复现的物理性质,如体积、压力、电阻、热电势及辐射波等。利用这些特性就可以制成各种类型的测温仪器——温度计。

一、汞温度计

汞温度计是实验室最常用的测温仪器。它是以液态汞作为测温物质的。它的优点是使用简便,准确度也较高,测温范围可以从 －35～＋600℃(测高温的温度计毛细管中充有高压惰性气体,以防汞气化)。但汞温度计的缺点是,其读数易受许多因素的影响而引起误差,在精确测量中必须加以校正。有关的主要校正项目有:

1. 示值校正

温度计的刻度常是按定点(水的冰点及正常沸点)将毛细管等分刻度。但由于毛细管直径的不均匀及汞和玻璃的膨胀系数的非严格线性关系,因而读数不完全与国际温标一致。对标准温度计或精密温度计,可由制造厂或国家计量管理机构进行校正,给予检定证书,附有每5℃或10℃的校正值,这种检定的手续比较复杂,要求比较严格。在一般实验室中,对于没有检定证书的温度计,可把它与另一支同量程的标准温度计同置于恒温槽中,在露出度数相同时进行比较,得出相应的校正值。其余没有检定到的温度示值,可由相邻两个检定点的校正值线性内插而得。如果作如图Ⅲ-1所示的校正曲线,使用起来就比较方便,这时:

$$校正值 = 标准值 - 读数值 \qquad (\text{III-2})$$

故：
$$标准值 = 读数值 + 校正值 \qquad (\text{III-3})$$

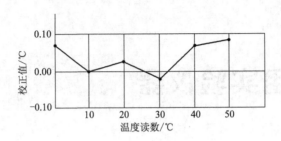

图Ⅲ-1 汞温度计示值校正曲线

例如，有图Ⅲ-1这种校正曲线的温度计，其35℃读数的实际温度等于(35.00+0.03)℃＝35.03℃。

2. 零点校正（冰点校正）

因为玻璃是一种过冷液体，属热力学不稳定体系，体积随时间有所改变；另一方面，当玻璃受到暂时加热后，玻璃球不能立即恢复到原来的体积，这些因素都会引起零点的改变。标准温度计和精密温度计都附有零点标记。因为零点的检验简单而准确，对于要求不太高的温度计可每两个月或半个月检定一次。要求高时（如标准温度计），则每次测定完后都应检定零点，这样才能把加热引起的暂时变化考虑在内。对不超过400℃的温度计，可认为零点位置的改变，会引起温度计所有示值的位置都有相同的改变。例如，温度计原检定证书上注明的零点位置是－0.02℃，而现在测得零点位置是＋0.03℃，这说明零点位置已升高了[0.03－(－0.02)]℃＝0.05℃，所以温度计的读数也相应增加了0.05℃，这时，应从读数中减去0.05℃才能得到正确的温度。因此，考虑了零点改变后的示值校正应按下式计算：

$$校正值 = 原证书上的校正值 + (证书上的零点位置 - 新测得的零点位置) \qquad (\text{III-4})$$

如果零点位置未变，则直接用原证书上的校正值即可。

如图Ⅲ-2(a)所示是由一个夹层玻璃容器做成的冰点器，空气夹套起绝热作用，以免冰很快融化，融化的冰水从底部小管排出。容器中的水面比冰面稍低，冰粒必须很细，应很好地分布在温度计四周。注意：冰水混合物中不应含有空气泡。也可用如图Ⅲ-2(b)所示的保温瓶作冰点器，用虹吸管排出水。此外，可用一大漏斗下接橡皮管做成简单冰点器[图Ⅲ-2(c)]。要求准确度高时，需用蒸馏水凝成的冰。一般，可从冰厂购得的冰中选出洁白的冰块，用蒸馏水洗净，并注意粉碎时不要引入杂质，用预冷的蒸馏水淹没冰层，用清洁的木片搅拌压紧，从橡皮管把水放出到上层变白为止。将已预冷的温度计垂直插入冰点器，零点标线露出冰面不超过5mm。温度计插入后不得任意提起，以免底部形成孔隙。等待10～15min后，每1～2min读数一次，待读数稳定后，以连续三次读数的平均值作为零点测定值。

3. 露茎校正

根据插入深度不同，汞温度计可分为全浸式和非全浸式两类。对全浸式温度计，使用时要求将汞柱浸入被测介质中，仅露出供读数的一小段汞柱（一般不超过10mm）。但在不少场合，这是不方便的。如果只将汞球及一部分汞柱浸入被测介质中而让部分汞柱露出介质，则读数准确性将受到两方面的影响：第一是露出部分的汞和玻璃的温度不同于浸入部分，且

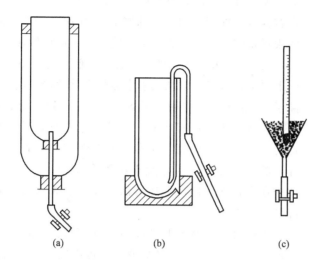

图Ⅲ-2 冰点器

随环境温度而改变,因而其膨胀情况也不同;第二是露出部分长短不同受到的影响也不同。为了保证示值的准确,只得对露出部分引起的误差设法进行校正,露茎校正公式是:

$$露茎校正值 = Kn(t - t_0) \tag{Ⅲ-5}$$

式中 K——测温物质在玻璃中的热膨胀系数,对汞温度计为 $0.00016 K^{-1}$,对多数有机液体温度计为 $0.001 K^{-1}$;

n——露出部分的温度度数;

t——被测介质的温度;

t_0——露出汞柱的平均温度,由辅助温度计测定。

例如,设某一汞温度计经示值和零点校正后读数为 84.76℃,开始露出的温度示值为 20℃,测得露出部分汞柱的平均温度为 38℃,因此:

$$露茎校正值 = 0.00016 \times (85 - 20) \times (85 - 38) = +0.49℃$$

故: 实际温度 $= 84.76 + 0.49 = 85.25℃$

由此可见,当使用全浸温度计时,如忽略露茎校正,可能会引起较大的误差。露茎校正的准确度主要取决于露茎平均温度测定的准确度。如果用悬挂另一支温度计靠近露出汞柱中部来测其平均温度,可能使测定误差达到 10℃。这时上例中校正值误差就将达到 $0.00016 \times 65 \times 10℃ = 0.10℃$。如将辅助温度计汞球贴近露出汞柱中部,再用锡箔小条将两者包裹在一起,可使测定误差小于 5℃。

为避免露茎校正的麻烦,在要求准确度不很高时,也可采用非全浸式温度计。如果按说明书指定的浸入深度和环境温度下使用,也可得到较准确的结果。

二、贝克曼温度计

贝克曼温度计(图Ⅲ-3)是一种特殊的汞温度计。它的最小刻度是 0.01℃,可以估读到 0.002℃。整个温度计的刻度范围一般是 5℃或 6℃,可借顶部储汞槽调节底部汞球中的汞量,用于精密测量介质温度 $-20 \sim +155℃$ 范围内不超过 5℃或 6℃的温差,故这种温度计特别适用于量热、测定溶液的凝固点下降和沸点上升,以及其他需要测量微小温差的场合。

使用贝克曼温度计时,首先需要根据被测介质的温度,调整温度计汞球的汞量。例如,

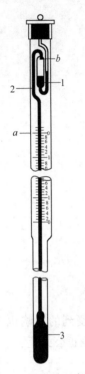

图Ⅲ-3 贝克曼温度计
1—储汞槽；2—毛细管；
3—汞球

测量温度降低值时，贝克曼温度计在被测介质中的初始读数应在 4℃ 左右为宜。如汞量过少，汞柱达不到这一示值，则需将储汞槽 1 中的汞适量转移至汞球 3 中。为此，将温度计倒置，使 3 中的汞借重力作用流入 1，并与 1 中的汞连接，如倒立时汞不下流，可以将温度计向下抖动，或将 3 放在热水中加热。然后慢慢倒转温度计，使 1 位置高于 3，借助重力作用，汞从 1 流向 3，到 1 处的汞面对应的标尺温度与被测介质温度相当时，立即振断汞柱，其方法是，右手持温度计约 1/2 处，轻轻将 1 部位在虎口处敲打，使汞在顶部毛细管端断开。然后将温度计汞球置于被测介质中，看温度计示值是否恰当。如汞还少，则可再按上述方法调整；加汞过多，则需从 3 中赶出一部分汞至 1 中。

如果要测定温度的升高值，则需将温度计在被测介质中的初始示值调整到 1℃ 附近。使用放大镜可以提高读数精度，这时必须保持镜面与汞柱平行，并使汞柱中汞弯月面处于放大镜中心，观察者的眼睛必须保持正确的高度，以使读数处的标线看起来是直线。当测量精确度要求高时，对贝克曼温度计也要进行校正。

目前，精密测量体系温差的电子温差测量仪已广泛应用于实验室的温差测定。如 SWC-Ⅱ 精密数字温度/温差仪，它不仅可以代替贝克曼温度计测量体系的温差，还具有可调报时功能。当一个计时周期完毕时，蜂鸣器将鸣叫且能将最后一个温度读数保持约 5s，有利于观察和记录数据，适用于燃烧焓测定等量热实验。但这种温度计还需要通过标准铂电阻温度计或贝克曼温度计进行校正。

三、热电偶

将两种金属导线首尾相接，如图Ⅲ-4(a) 所示，保持一个接点（冷端）的温度不变，改变另一个接点（热端）的温度，则在线路里会产生相应的热电势。这一热电势只与热端的温度有关，而与导线的长短、粗细和导线本身的温度分布无关。因此，保持一个冷端的温度不变时，只要知道热端温度与热电势的依赖关系，测得热电势后即可求出热端温度，这是热电偶温度计测温的原理。

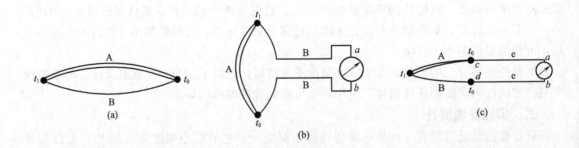

图Ⅲ-4 热电偶示意图

为了测定热电势，需使导线与测量仪表连成回路。在图Ⅲ-4(b) 中将作为电偶的导线 B 接于毫伏表的 a、b 端形成回路。如果 t_0 保持不变，a、b 接点温度一致（中间由仪表动圈的铜导线连接），则仪表导线的引入对整个线路的热电势没有影响。再如图Ⅲ-4(c)的接法，保持 c、d 接点温度于 t_0 不变，用导线 e 与仪表 a、b 端连接。只要保持 a、b 端温度相同，则整个线路热电势只取决于 t_1 的温度。

四、其他温度计

1. 金属电阻温度计

主要有铂电阻温度计和半导体温度计。铂电阻温度计响应快、灵敏度高（能够达到 10^{-4}K）、准确度高，测量范围广，为 13.2～1373.2K。

2. 热敏电阻温度计

热敏电阻温度计是由铁、镍、锌等金属氧化物在高温下熔制而成。与金属电阻相比，具有更大的温度系数，因此灵敏度更高。但由于电阻会因老化而逐渐改变，因此需经常标定，而且大都不适宜于较高温度下使用。

3. 蒸气压低温温度计

这类温度计的测温参数是液体的饱和蒸气压，可按饱和蒸气压与温度的函数关系来确定温度值。测量范围为 1.2～100.2K，灵敏度可达 10^{-2}K，使用简便，但测量范围较小。实验室中常用的有氧饱和蒸气温度计，主要用于测定液氮的温度。

4. 光学高温计或辐射温度计

光学高温计的特点是不与测量体系接触，因此不干扰被测体系。测量范围是 973.2～2273.2K，但与被测物体表面辐射情况有关，使用时须标定。

5. 电接式水银温度计

电接式水银温度计与水银温度计不同，不能作为温度的指示器，只能作为温度的触感器。

电接式水银温度计是根据体积热胀冷缩的原理制成的，其结构如实验3中所示，下部有一个水银球，毛细管内有两根接触丝，一根是固定的，直接与水银球内的水银连通；另一根可随管外永久磁铁而旋转的螺杆升降，螺杆上有一指示铁与钨丝相连。当螺杆转动时，指示铁上下移动，带动钨丝上升或下降，两根接触丝通过两根导线接到继电器中去。

调节温度时，先转动调节帽，使指示铁上端指示比所需温度低 1～2℃。当加热至水银柱与上面的接触丝相接触时，则两根接触丝在水银内构成通路。给出停止加热信号（可由继电器上的指示灯辨明），这时观察精密温度计上所指示的温度，根据要求反复调节，直到指示温度达到要求为止。

电接式水银温度计的控制精度，是指当加热至定温器导线通路，停止加热时，温度达到最高；停止加热后，温度下降使水银收缩，水银面与可移动接触丝脱离，定温器导线断路，加热器刚要加热时，温度降到最低温度，这两个温度与指定温度的差值。一般定温器控制精度是 ±0.1℃。

仪器2　黏度计

化学实验室常用玻璃毛细管黏度计测量液体黏度。此外，恩格勒黏度计、落球式黏度计、旋转式黏度计等也被广泛使用。

一、玻璃毛细管黏度计

玻璃毛细管黏度计中最常用的是乌氏黏度计和奥氏黏度计。这两种黏度计测量较精确，使用方便，适合于测定液体黏度和高聚物的摩尔质量。下面主要介绍乌氏黏度计。

乌氏黏度计的外形各异，但基本构造如图Ⅲ-5所示。其使用方法为：将乌氏黏度计垂直夹入恒温槽内，用吊锤检查是否垂直。将10mL左右待测液自2管注入黏度计内，恒温数分钟，夹紧3管上连接的乳胶管，同时在连接1管的乳胶管上接洗耳球慢慢抽气，待液体升至C球的1/2左右即停止抽气，打开3管乳胶管上的夹子，使毛细管内液体与D球分开，用秒表测定液面在m_1、m_2两线间移动所需的时间。一般需测定三次，每次相差不超过$0.2\sim 0.3$s，取平均值，代入式(Ⅲ-9)，求黏度。

二、落球式黏度计

玻璃毛细管黏度计只适于测定黏度低于10^4mPa·s的液体，而落球黏度计则适用于测定黏度为$10^3\sim 10^6$mPa·s的液体。当球体在液体中降落时，因受到重力作用而加速，但同时受摩擦阻力的作用，很快即不再产生加速度而达到匀速下落。作用于球体的阻力由斯托克斯（Stokes）方程给出：

$$F=6\pi r\eta v \tag{Ⅲ-6}$$

式中　r——球体半径；
　　　v——球体下落速度；
　　　η——液体黏度。

在考虑浮力校正之后，重力与阻力相等时，得：

$$\frac{4}{3}\pi r^3(\rho-\rho_0)g=6\pi r\eta v \tag{Ⅲ-7}$$

式中　ρ——球体密度；
　　　ρ_0——液体密度；
　　　g——重力加速度。

落球速度可由球降落距离h除以时间t而得：

$$v=\frac{h}{t} \tag{Ⅲ-8}$$

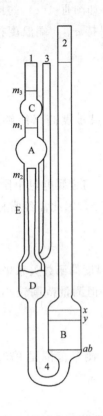

图Ⅲ-5　乌氏黏度计
1—主管；2—宽管；3—支管；
4—弯管；A—测定球；B—储器；
C—缓冲球；D—悬挂水平储器；
E—毛细管；x、y—充液线；
m_1、m_2—环形测定线；
m_3—环形刻线；ab—刻线

当h和r为定值时，上式可写成：

$$\eta=kt(\rho-\rho_0) \tag{Ⅲ-9}$$

式中　k——仪器常数，可由已知黏度的液体（如水）直接测得。

简单的落球黏度计（图Ⅲ-6）可由一支大试管和一个量筒做成。在试管上下各有一测定降落距离的刻线，事先装好待测液体，让气泡完全排出。试管上部装一支导管，使球沿轴心垂直下落。钢球（即通常的滚珠）或玻璃球用苯清洗后擦干，最后不要用手摸。同一种大小的钢球用天平称出平均质量，用测微尺测出平均直径，然后算出密度。每种液体可用两种不同大小的球进行测量。

商品Hoppler落球黏度计[图Ⅲ-6(b)]的玻璃筒有$10°$的倾角，并有恒温水套。玻璃筒倾斜后，则球沿壁下落，可避免垂直安装时球与壁的接触难以控制的麻烦。此黏度计可回转$180°$，使球倒回来重复测量。

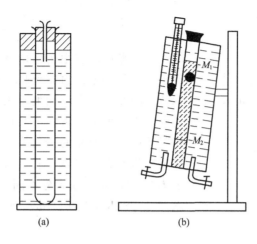

图Ⅲ-6 落球黏度计

三、旋转黏度计

比较简单的一种旋转黏度计只有单一圆筒,如图Ⅲ-7所示。此圆筒由同步电动机带动,以一定的角速度旋转。当把圆筒浸入待测液中时,圆筒将受到液体的黏滞力矩。直到此力矩与游丝的扭转力矩平衡,这时圆筒的旋转将比同步旋转的刻度盘滞后一个角度,此角度由指针指出,它将与液体黏度成正比。

$$\eta = K \frac{\theta}{\omega} \qquad (\text{Ⅲ-10})$$

式中 K——常数;

θ——滞后角;

ω——旋转角速度。

如果旋转角速度 ω 已确定,则 K/ω 为定值,则 η 与 θ 成正比。若将刻度按黏度刻度,就可直接读出黏度。

旋转黏度计备有几种不同尺寸的转子(圆筒),转速也分挡可调,因此适用的黏度范围比较广($10\sim10^6$ mPa·s)。

由于这种黏度计可在不同切变速率下进行测定,故特别适用于研究非牛顿流体的流变特性。

双筒旋转黏度计的待测液体是放在两圆筒之间的,这种黏度计结构较复杂,测量精度较高,在此不作详细介绍。

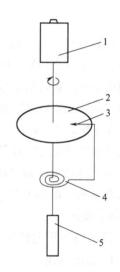

图Ⅲ-7 单筒旋转黏度计
1—电动机;2—刻度盘;
3—指针;4—游丝;5—转子

仪器3 阿贝折射仪

一、折射率的概念

1. 绝对折射率

光从真空射入介质发生折射时,入射角 θ_i 与折射角 θ_r 的正弦之比 n 称为介质的绝对折射率,简称折射率。它是光学介质的一个基本参量,即光在真空中的速度 c 与在介质中的相

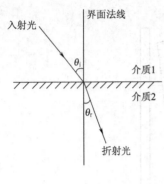

图Ⅲ-8 光折射示意

对速度 v 之比,故有:

$$n=\frac{\sin\theta_i}{\sin\theta_r}=\frac{c}{v} \qquad (Ⅲ-11)$$

由于光在真空中传播的速度最大,真空的折射率等于1,故其他介质的折射率都大于1。同一介质对不同波长的光,具有不同的折射率;在对可见光为透明的介质内,折射率常随波长的减小而增大,即红光的折射率最小,紫光的折射率最大。通常所说某物体折射率数值的大小(如,水为1.33,水晶为1.55,金刚石为2.42,玻璃按成分不同而为1.5~1.9),是指对钠黄光(波长=589.3nm)而言。

2. 相对折射率

光从介质1射入介质2发生折射(图Ⅲ-8)时,入射角 θ_i 与折射角 θ_r 的正弦之比 n_{21} 称为介质2相对介质1的折射率,即相对折射率。它是表示在两种(各向同性)介质中光速比值的物理量,即:

$$n_{21}=\frac{\sin\theta_i}{\sin\theta_r}=\frac{n_2}{n_1}=\frac{v_1}{v_2} \qquad (Ⅲ-12)$$

两种介质进行比较时,折射率较大的称光密介质,折射率较小的称光疏介质。

折射率与介质的电磁性质密切相关。根据电磁理论,ε_r 和 μ_r 分别为介质的相对电容率和相对磁导率。折射率还与波长有关,称为色散现象。手册中提供的折射率数据是对某一特定波长而言的(通常是对钠黄光)。气体折射率还与温度和压强有关。空气的折射率对各种波长的光都非常接近1,例如,空气在20℃、1.01×10^5 Pa(760mmHg)时,折射率为1.00027。在工程光学中常把空气折射率当做1,而其他介质的折射率就是对空气的相对折射率。

介质的折射率通常由实验测定而得,有多种测量方法:对固体介质,常用最小偏向角法或自准直法;液体介质常用临界角法(阿贝折射仪);气体介质则用精密度更高的干涉法(瑞利干涉仪)。

二、阿贝折射仪工作原理与仪器结构

1. 工作原理

数字阿贝折射仪测定透明或半透明物质的折射率原理是基于测定临界角,由目视望远镜

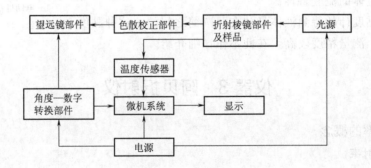

图Ⅲ-9 数字阿贝折射仪工作原理图

部件和色散校正部件组成的观察部件，来瞄准明暗两部分的分界线，也就是瞄准临界的位置，并由角度-数字转换部件将角度置换成数字量，输入微机系统进行数据处理，然后数字显示出被测样品的折射率或锤度。该原理可由图Ⅲ-9表示。

2. 仪器结构

阿贝折射仪的结构如图Ⅲ-10所示。

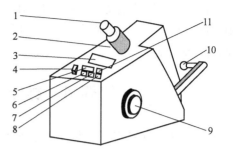

图Ⅲ-10 阿贝折射仪的结构示意图
1—目镜；2—色散校正手轮；3—显示窗；
4—"POWER"电源；5—"READ"读数显示键；
6—"BX-TC"经温度修正锤度显示键；7—"n_D"
折射率；8—"BX"未经温度修正锤度显示键；
9—调节手轮；10—光源；11—"TEMP"温度显示键

三、阿贝折射仪操作步骤及使用方法

（1）按下"POWER"波形电源开关4，聚光照明部件10中照明灯亮，同时显示窗3显示"00000"，有时显示窗先显示"——"，数秒后再显示"00000"。

（2）打开折射棱镜部件，移去擦镜纸，擦镜纸在仪器不使用时，通常放在两棱镜之间，防止在关上棱镜时，可能留在棱镜上的细小硬粒弄坏棱镜工作表面。

（3）检查上下棱镜表面，并用水或酒精小心清洁其表面。测定每一个样品后，也要仔细清洁两块棱镜表面，因为留在棱镜上少量的原来样品将影响下一个样品的测量准确度。

（4）将被测样品放在下面的折射棱镜的工作表面上。如样品为液体，可用干净滴管吸1～2滴液体样品放在棱镜工作表面上，然后将上面的进光棱镜盖上。如样品为固体，则固体样品必须有一个经过抛光加工的平整表面。测量前需要将此抛光表面擦净，并在下面的折射棱镜工作表面上滴加1～2滴折射率比固体样品折射率高的透明液体（如溴代萘），然后将固体样品抛光面放在折射棱镜工作表面上，使其接触良好。测固体样品时，不需将上面的进光棱镜盖上。

（5）旋转聚光照明部件的转臂和聚光镜筒，使上面进光棱镜的进光表面（测液体样品）或固体样品前面的进光表面（测固体样品）得到均匀的照明。

（6）通过目镜1观察视场，同时旋转调节手轮9，使明暗分界线落在交叉线视场中。如从目镜中看到的视场是暗的，可将调节手轮逆时针旋转；如看到的视场是明亮的，则将调节手轮顺时针旋转。明亮区域是在视场的顶部。在明亮视场情况下，可旋转目镜，调节视度看到清晰的交叉线。

（7）旋转目镜下方缺口里的色散校正手轮2，同时调节聚光镜位置，使视场中明暗两部分具有良好的反差和明暗分界线具有最小的色散。

（8）旋转调节手轮，使明暗分界线准确对准交叉线的焦点。

（9）按"READ"读数显示键5，显示窗中"00000"消失，显示"——"，数秒后"——"消失，显示出被测样品的折射率。如要知道该样品的锤度值，可按"BX"未经温度修正的锤度显示键8或按"BX-TC"经温度修正锤度（按ICUMSA）显示键6。"n_D"折射率键7、"BX-TC"及"BX"三个键是用于选定测量方式。经选定后，再按"READ"键，显示窗就按预先选定的测量方式显示。有时按"READ"键，显示"——"，数秒后"——"消失，显示窗全暗，无其他显示，此现象表明该仪器可能存在故障，此时仪器不能正常工作，需进行检查、维修。当选定测量方式为"BX-TC"或"BX"时，如果调节手轮旋转超出锤度测量范围（0～95%），按"READ"键后，显示窗将显示"·"。

（10）检测样品温度，可按"TEMP"温度显示键11，显示窗将显示样品温度。除了按"READ"键后，显示窗显示"——"时，按"TEMP"键无效。在其他情况下，都可以对样品进行温度检测。

仪器 4 数字式电动势综合测试仪

一、SDC-Ⅱ数字式电动势综合测试仪

1. 操作面板

SDC-Ⅱ数字式电动势综合测试仪的操作面板如图Ⅲ-11所示。

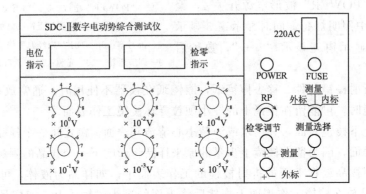

图Ⅲ-11 SDC-Ⅱ数字式电动势综合测试仪

2. 操作方法

（1）将被测电池按"＋、－"极性与面板"测量"端子对应连接好。

（2）将仪器与交流220V电源连接，开启电源，预热3min。

（3）采用"内标"校验时，将"测量选择"置于"内标"位置，调节"$10^0 \sim 10^{-5}$V"六个旋钮，使"电位指示"为"1.00000"V，然后调节"检零调节"，使"检零指示"接近"0000"。

（4）采用"外标"校验时，将外标电池的"＋、－"极性对应和面板"外标"端子连接好，并将"测量选择"置于"外标"位置，调节"$10^0 \sim 10^{-5}$V"六个旋钮，使"电位指示"数值与外标电池值相同（通常外标电池应进行温度校验，否则将影响测量精度）。然后调节"检零调节"使"检零指示"接近"0000"。

（5）将被测电池按"＋、－"极性对应和面板"测量"端子连接好，并将"测量选择"置于"测量"，调节"$10^0 \sim 10^{-5}$V"六个旋钮，使"检零指示"接近"0000"，此时"电位指示"值即为被测电动势值。

二、EM-2A型数字式电子电位差计

电动势测量装置是高校物理及化学实验中常用的装置之一。传统的实验装置由电位差计、检流计、工作电源和标准电池四部分组成，系统结构复杂，虽有助于学生理解基本的物理概念，但精度过低，EM-2A型数字式电子电位差计，既能沿用原装置的测量原理，又提高了测量精度，并简化了装置的结构。

该仪器主要用于电动势的精密测定。采用了内置的可代替标准电池的、精度极高的参考电

压集成块作比较电压,保留了对消法测量电动势仪器的原貌。仪器线路设计采用全集成器件,被测电动势与参考电压经过高精度的仪表放大器比较输出,达至平衡时即可知被测电动势的大小。

1. 面板及连线说明

仪器的前面板示意图,如图Ⅲ-12 所示,左上方为"电动势指示"六位数码管显示窗口,右上方为"平衡指示"四位数码管显示窗口。左边的钮子开关可置于"调零"或"测量"挡。右下角有三个多圈电位器,可进行"平衡调节"和"零位调节"。其中,"平衡调节"包括"粗""细"两个电位器。"电位选择"为一个五挡的拨挡开关,可根据所测流量选择要选的挡。两个标记为"+"、"-"的黑、红接线柱即为被测电动势接线柱。

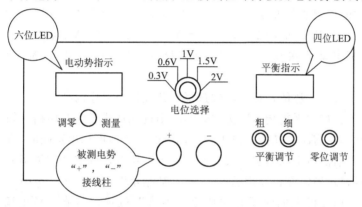

图Ⅲ-12 仪器前面板示意图

2. 测量原理

仪器结构框图如图Ⅲ-13 所示。当钮子开关置于"调零"时,零电势分别接入通道一信号调理和通道二信号调理模块,调节调零电位器使得整个电路的输出为 0,亦即"平衡显示"为"0000",这样便消除了整个电路的零点误差。

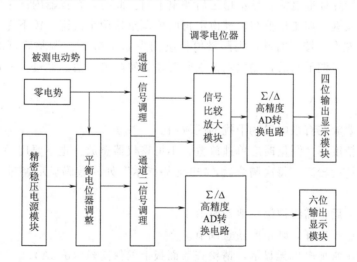

图Ⅲ-13 仪器结构框图

当钮子开关置于"测量"时,被测电动势和标准电动势分别接入调理模块后,经比较放大电路得到模拟量差值输出,送至Σ/Δ高精度 AD 转换电路,结果由四位输出显示模块显示，由此可知两者差值。调节平衡电位器使得通道一和通道二达到平衡，亦即"平衡显示"为"0000"。通道二模拟量值由 Σ/Δ 高精度 AD 转换电路转换为数字量，则此时六位数码管显示值为被测电动势值。

3. 使用方法

（1）加电：插上电源插头，打开电源开关，两组 LED 显示屏即亮。预热 5min，如测量端开路，则显示在测量值和"全为 7"之间切换。

（2）接线：将被测电动势按正、负极性在黑、红接线柱上接好。左 LED 屏上显示为内置高精度电压源的值，右 LED 屏上通常显示为"999""-999"。如显示均为 7，则指示被测电动势已超出量程。

（3）选挡："电位调节"可分为"0.3V""0.6V""1.0V""1.5V"和"2.0V"，分别对应 0～0.3V、0.3～0.6V、0.6～1.0V、1.0～1.5V、1.5～2.0V。各挡之间有一定的交叉。也就是说，如被测电动势在 0.3V 左右，则选择 0.3V 挡和 0.6V 挡都可以。选挡有两种方法：

①根据估计的被测电势值，将"电位选择"开关拨至相应的挡位。

②任选一挡位，如"平衡指示"为"999"，则选此挡或需向左换挡；如"平衡指示"为"-999"，则选此挡或需向右换挡。再进一步调节电位器即可选出正确的挡位。

（4）调零：将前面板上的钮子开关拨至"调零"位置，调节"零位调节"电位器，使得"平衡指示"数码显示稳定在正零指示上。"电动势指示"此时显示"……"。

（5）测量：将前面板上的钮子开关拨至"测量"位置，调节"平衡调节"处的"粗""细"调节电位器，使得"平衡指示"数码显示在零值附近。此时，等待"电动势指示"数码显示稳定下来，此即为被测电动势值。值得注意的是，为保证极高的仪器精度、很大的比较电路的放大倍数以及很高的 Σ/Δ AD 转换电路精度，"电动势指示"和"平衡指示"数码显示在小范围内摆动属正常，摆动数值通常在 -2～+2 之间。

（6）校准：仪器出厂时均已调试好。为了保证精度，可每年校准一次。打开仪器前面板后，接通电源，接好标准电池，显示稳定后调整平衡。此时，在仪器内部主电路板的右下方可见两个黑色的按键。如测量值与标准值不符则可调整这两个按键。按下左键，则测量值持续增加 0.10mV 左右；按下右键，则测量值持续减少 0.010mV。调整后可能出现不平衡的情况，此时需进一步调平衡后，左边六位数码管才为实际测量值。经过反复调整后即可达到所需的要求。

4. 注意事项

（1）仪器不要放在有强电磁场干扰的区域内。

（2）因仪器精度高，测量时应单独放置，不可将仪器叠放，也不要用手触摸仪器外壳。

（3）仪器的精度较高，每次调节后，"电动势指示"处的数码显示经过一段时间才可稳定下来。

（4）测定完毕后，需将被测电池及时取下。

（5）如仪器已校准好，则不要随意调节。

（6）如仪器正常加电后无显示，请检查后面板上的保险丝（0.5A）。

三、波根多夫对消法工作原理

电池电动势的测量必须在可逆条件下进行。所谓可逆条件，一是要求电池本身的各个电极过程可逆；二是要求测量电池电动势时，电池几乎没有电流通过，即测量回路中 $I=0$。

为此可在测量装置上设计一个与待测电池的电动势数值相等而方向相反的外加电动势,以对消待测电池的电动势,这种测电动势的方法称为对消法。

现简要介绍波根多夫（Poggendorff）对消法工作原理,其线路如图Ⅲ-14 所示。

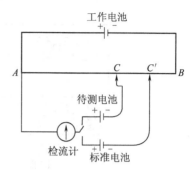

工作电池经 AB 构成一个通路,在均匀电阻 AB 上产生均匀电势差。待测电池的正极连接电键,经过检流计和工作电池的正极相连;负极连接到一个滑动接触点 C 上。这样,就在待测电池的外电路中加上了一个方向相反的电势差,它的大小由滑动接触点的位置决定。改变滑动接触点的位置,找到 C 点,若电键闭合时,检流计中无电流通过,则待测电池的电动势恰被 AC 段的电势差完全抵消。

图Ⅲ-14 对消法测电动势原理图

为了求得 AC 段的电势差,可换用标准电池与电键相连。标准电池的电动势 E_N 是已知的,而且保持恒定。用同样的方法可以找出检流计中无电流通过的另一点 C'。AC' 段的电势差就等于 E_N。因电势差与电阻线的长度成正比,故待测电池的电动势为：

$$E_x = E_N \frac{AC}{AC'} \tag{Ⅲ-13}$$

仪器 5 DJS-292 型双显恒电位仪

DJS-292 型双显恒电位仪是一种电化学测试仪器,可广泛用于电极过程动力学、化学电源、电镀、金属腐蚀、电化学分析及有机电化学合成等方面的研究工作。

一、DJS-292 型双显恒电位仪工作原理

DJS-292 型双显恒电位仪的工作原理见图Ⅲ-15。

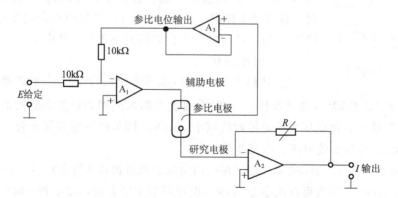

图Ⅲ-15 DJS-292 型双显恒电位仪工作原理图

DJS-292 型双显恒电位仪的主要功能为恒电位输出和恒电流输出。在恒电位方式工作时,它使电化学体系的两个电极（研究电极与参比电极）之间的电位保持恒定,或者准确地跟随给定指令信号变化,而不受流过研究电极电流变化的影响。在恒电流方式工作时,它使流过研究电极的电流保持恒定,或者准确地跟随给定指令信号变化,而不受研究电极相对于

参比电极电位的影响。

二、DJS-292 型双显恒电位仪操作步骤及使用方法

DJS-292 型双显恒电位仪的操作面板见图Ⅲ-16。

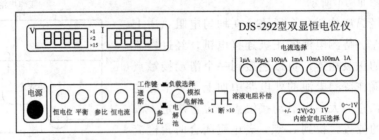

图Ⅲ-16　DJS-292 型双显恒电位仪操作面板图

1. 恒电位工作方式

(1) 测定前的准备工作。

①开机前检查："参比"按钮按下；"工作键"、"负载选择"弹出；"内给定电压选择"的所有按钮弹出。

②打开电源开关，电压、电流显示为 0，电流选择为"100mA"预热 30min。实验过程中，根据需要选择适当的电流量程。

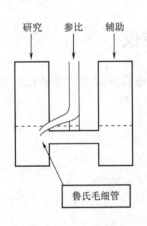

图Ⅲ-17　三口电解池

③接线。按图Ⅲ-17 放好电极，然后将参比电极（甘汞电极）接到仪器参比接头上，仪器电解池接头的红线连辅助电极（铂电极），黑线连研究电极（碳钢电极）。研究电极的碳钢面中心与鲁氏毛细管的管口相距约 1mm。

(2) 自然电势的测定。按下"参比"键，按下"工作键"（接通参比），电压表显示数据即为自然电势。

(3) 调节给定电势等于自然电势。弹起"工作键"（断开参比），按下"负载选择"键（接通模拟电解池），按下"恒电位"键，按下"工作键"（接通参比），调节内给定电压选择的"0~1V"旋钮，使得电压表头数据大小等于自然电势。

(4) 开始极化。

①弹起"工作键"（断开参比），弹起"负载选择"键（接通电解池），按下"工作键"（接通参比），此时电流表上的数据即为自然电势时的电流。缓缓调节"0~1V"旋钮，使电压表头显示数值减小 20mV，调节时一定要轻而慢，当电压为所需值时等待 30s，将显示的电压、电流数据记下。

②依次减小 20mV，等待 30s，记下相应的电流。当电极进入钝化区（0.5~0.6V），电流表显示小于 0.002，每次可以减小 100mV（电压调节不要太快，减小到 0 时，把"内给定电压选择"的"+/-"按下，电压表上自然改变电压正、负号）。每隔 100mV 测一次数据，当电压降至-0.8V 时（-0.8V 一定要测），每次仍减小 20mV，直到电流值超过前面出现的最高点时停止实验。

(5) 结束实验。弹出"工作键"，按下"参比"键，弹出"+/-"键，把"0~1V"旋钮逆时针旋到底。关闭电源开关。

2. 恒电流工作方式

按下"恒电流"键，其他操作同恒电位工作方式。

仪器6 电导率仪

一、DDS-11A 型数显电导率仪

DDS-11A 型数显电导率仪广泛用于测量蒸馏水、去离子水、饮用水、锅炉水、工业废水及一般液体的电导率，还可用于电子、化工、制药及电厂检测高纯水的纯度。

1. 仪器特点

(1) 采用 LED 数字显示，读数清晰直观。

(2) 过量程溢出显示"1."，消除换挡测量误差。

(3) 在全量程范围内测量误差都不大于 ±1%。

(4) 在全量程范围内都配用常数为"1"的电极，它能检测 $0.1 \sim 0.05 \mu S \cdot cm^{-1}$（$10 \sim 20 M\Omega$）高纯水的电导率，测量范围达 $0 \sim 2 \times 10^5 \mu S \cdot cm^{-1}$。

(5) 测量高纯水时，无人体感应现象，且显示值准确。

(6) 小数点位置及高、低测量频率随"量程"同步变换，测量结果直读而不必乘以"倍率"，并且具有温度补偿功能。

2. 操作步骤

仪器外形如图Ⅲ-18(a) 或（b）所示。以下根据图Ⅲ-18(b) 介绍仪器的操作步骤及注意事项。

(1) 插接电源线，打开电源开关，并预热 10min。

(2) 用温度计测出被测液的温度后，将"温度"钮置于被测液实际温度的相应位置上。当"温度"钮置于"25"℃位置时，则无补偿作用。

(3) 将电极浸入被测溶液，电极插头插入电极插座（插头、插座上的定位销对准后，按下插头顶部可使插头插入插座。如欲拔出插头，则捏其外套往上拔即可）。

(4) "校正-测量"开关扳向"校正"，调节"常数"钮使显示数（可忽略小数点位置）与所使用电极的常数标称值一致。例如，电极常数为 0.85，则调"常数"钮显示"850"；如常数为 1.1，则调"常数"钮显示"1100"（可忽略小数点位置），将"校正-测量"开关置于"测量"位，将"量程"开关扳在合适的量程挡，待显示稳定后，仪器显示数值即为溶液在实际温度下的电导率。

3. 注意事项

(1) 如果显示屏首位为 1，后三位数字熄灭，表明被测值超出了量程范围，可扳向高一挡的量程来测量。如读数很小，为提高测量精度，可扳向低一挡的量程测量。注意：在测量过程中，每切换量程一次都必须校准一次，以免造成测量误差。

(2) 本仪器若用 DJS-1C 光亮电极与仪器配套就能较好地测量高纯水的电导率，但若要得到更高的测量精度，也可选购常数为 0.01/cm 钛合金电极来测量，此时，将"常数"钮调在显示"1000"的位置，被测值=指示数×倍率×0.01。

(3) 由于仪器设置的温度系数为 2%/℃，与此系数不符的溶液使用温度补偿器将会产生较大的补偿差，此时可把温度钮置于 25℃ 的位置，所得读数为被测溶液在测量时温度的电导率（无补偿）。

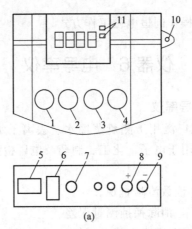

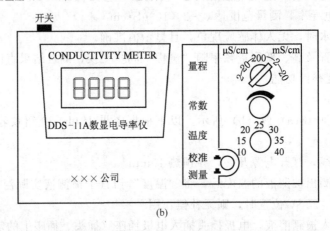

1—温度调节旋钮；2—选择开关；3—常数旋钮；4—量程开关；5—电源插座；6—电源开关；
7—保险丝座（0.1A）；8—0~10mV输出；9—电导池插座；10—电极杆孔；11—指示灯

图Ⅲ-18　不同厂家生产的 DDS-11A 型数显电导率仪的外观图

二、DDS-307 型电导率仪

DDS-307 型电导率仪的前后部面板如图Ⅲ-19 所示。

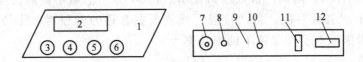

图Ⅲ-19　仪器前后部面板简图

1—前面板；2—显示屏；3—量程选择开关旋钮；4—常数补偿调节旋钮；
5—校准调节旋钮；6—温度补偿调节旋钮；7—电极插座；8—输出插口；
9—后面板；10—保险丝管座；11—电源开关；12—电源插座

1. 操作步骤

（1）开机。将电源线插入仪器电源插座 12，按电源开关 11 接通电源，预热 30min 后，进行校准。

（2）校准。将选择旋钮 3 指向"检查"，常数补偿调节旋钮 4 指向"Ⅰ"刻度线，温度补偿调节旋钮 6 指向"25"℃，调节校准调节旋钮 5，使仪器显示 $100.0\mu S \cdot cm^{-1}$，至此校准完毕。

(3) 测量

① 常数补偿设置。调节常数补偿调节旋钮4使仪器显示值与电极所标数值一致。例如，电极常数为 $0.01025cm^{-1}$，则调节常数补偿调节旋钮4使仪器显示为102.5（测量值＝读数值×0.01）；电极常数为 $0.1025cm^{-1}$，则调节常数补偿调节旋钮4使仪器显示为102.5（测量值＝读数值×0.1）；电极常数为 $1.025cm^{-1}$，则调节常数补偿调节旋钮4使仪器显示为102.5（测量值＝读数值×1）；电极常数为 $10.25cm^{-1}$，则调节常数补偿调节旋钮4使仪器显示为102.5（测量值＝读数值×10）。

② 温度补偿设置。调节仪器面板上"温度"补偿调节旋钮6，使其指向待测溶液的实际温度值，此时，测量得到的将是待测溶液经过温度补偿后，折算为25℃下的电导率值。

注意：如果将温度补偿调节旋钮6指向"25"的刻度线，那么测量的将是待测溶液在该温度下未经补偿的原始电导率值。

③ 常数、温度补偿设置完毕，应将选择开关3按表Ⅲ-1所示置于合适位置。当测量过程中，显示值熄灭时，说明测量超出量程范围，此时应切换开关3至上一挡量程。

表Ⅲ-1 量程选择参照表

序 号	选择开关位置	量程范围/$\mu S \cdot cm^{-1}$	被测电导率/$\mu S \cdot cm^{-1}$
1	Ⅰ	0～20.0	显示读数×C
2	Ⅱ	20.0～200.0	显示读数×C
3	Ⅲ	200.0～2000	显示读数×C
4	Ⅳ	2000～20000	显示读数×C

注：C 为电导电极常数。例如：当电极常数为0.01时，$C=0.01$；当电极常数为0.1时，$C=0.1$；当电极常数为1时，$C=1$；当电极常数为10时，$C=10$。

(4) 测量完毕后，关闭电源开关，将电极冲洗干净。

2. 注意事项

(1) 为确保测量精度，电极使用前、后均应用小于 $0.5\mu S \cdot cm^{-1}$ 的去离子水（或蒸馏水）冲洗两次，再用待测试样冲洗后方可测量。

(2) 电极插头及电极插座要绝对防止受潮，以免造成不必要的测量误差。

(3) 电极应定期进行常数标定。

(4) 对于铂黑电极，只能用化学方法清洗，用软刷子进行机械清洗时，会破坏电极表面的镀层（铂黑），用化学方法清洗可能再生被损坏或轻度污染的铂黑层。

三、SLDS-Ⅰ型数显电导率仪

SLDS-Ⅰ型数显电导率仪的外观如图Ⅲ-20所示。

1. 操作步骤

(1) 测量装置的选择。可采用如图Ⅲ-21所示的测量槽，将电极插入槽中，槽下方接进水管（聚乙烯管），管道中应无气泡。也可将电极装在不锈钢三通中，见图Ⅲ-22，先将电极套入密封橡皮圈，装入三通管后用螺帽固紧。

(2) 将电极插头插入电极插座（插头、插座上的定位销对准后，按下插头顶部即可），接通仪器电源，仪器处于校准状态，校准指示灯亮起。将仪器预热15min。

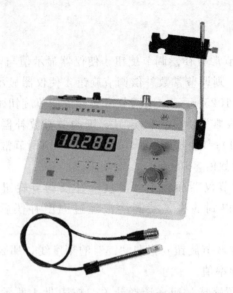

图Ⅲ-20　SLDS-Ⅰ型数显电导率仪外观图

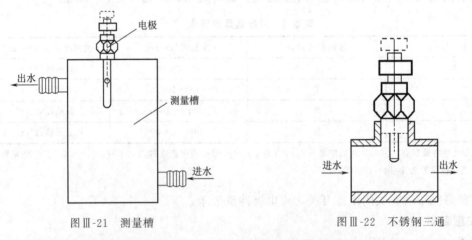

图Ⅲ-21　测量槽　　　　　　　　　图Ⅲ-22　不锈钢三通

（3）用温度计测出被测液的温度后，将"温度"旋钮的标志线置于被测液实际温度的相应位置，当"温度"旋钮置于25℃位置时，则无补偿作用。

（4）调节"常数"旋钮，使仪器所显示值为所用电极的常数标称值。例如：

①电极常数为0.92，调"常数"旋钮使显示"920"；若常数为1.10，调"常数"旋钮使显示"1100"（忽略小数点）。

②当使用常数为10的电极时，若其常数为9.6，调节"常数"旋钮使显示"960"；若常数为10.7，调"常数"旋钮使显示"1070"。

③当使用常数为0.01的电极时，将"常数"旋钮使显示"1000"；当使用常数为0.1的电极时，若常数为0.11，调"常数"旋钮使显示"1100"，依此类推。

（5）按"测量/转换"键，使仪器处于测量状态（测量指示灯亮），待显示值稳定后，该显示数值即为被测液体在该温度下的电导率值。测量中，若显示屏显示为"OUT"，表示被测值超出量程范围，应置于高一挡的量程来测量，若读数很小，就应置于低一挡的量程，以提高精度。

（6）电极的选择。测量高电导的溶液时，若被测溶液的电导率大于$20mS\cdot cm^{-1}$时，应选用 DJS-10 电极,此时量程范围可扩大到 200mS·cm^{-1}(20mS·cm^{-1}挡可测至 200mS·cm^{-1},2mS·cm^{-1}挡可测至 20mS·cm^{-1},但显示数须乘以 10)。

测量纯水或高纯水的电导率,宜选常数为 0.01 的电极,被测值=显示数×0.01。也可用 DJS-0.1 电极,被测值=显示数×0.1。

若被测液的电导率低于 30μS·cm^{-1},宜选用 DJS-1 光亮电极;电导率高于 30μS·cm^{-1},应选用 DJS-1 铂黑电极。

电极的选用原则见表Ⅲ-2。

表Ⅲ-2 电导率范围及对应电极常数推荐表

电导率范围/μS·cm^{-1}	电阻率范围/Ω·cm	推荐使用的电极常数/cm^{-1}
0.05~2	20×10^6~500×10^3	0.01,0.1
2~200	500×10^3~5×10^3	0.1,1.0
200~2000	5×10^3~500	1.0
2000~20000	500~50	1.0,10
20000~2×10^5	50~5	10

(7) 仪器可长时间连续使用,可用输出信号(0~10mV)外接记录仪进行连续监测,也可选配 RS232C 串口,由计算机显示监测。

2. 注意事项

(1) 仪器设置的溶液温度系数为 2%,与此系数不符合的溶液使用温度补偿器将会产生一定的误差,为此可把"温度"旋钮置于"25"℃的位置,所得读数为被测溶液在测量温度下的电导率。

(2) 测量纯水或高纯水的要点:

① 应在流动状态下测量,确保密封状态,为此,用管道将电导池直接与纯水设备连接,防止空气中 CO_2 等气体溶入水中使电导率迅速增大。

② 流速不宜太快,以防产生湍流,测量中可逐渐增大流速,使指示值不随流速的增加而增大。

③ 避免将电导池装在循环不良的死角。

(3) 电极使用前、后都应清洗干净。

仪器 7 分光光度计

一、基本原理

分光光度计的基本原理是在光的照射激发下,溶液中的物质对光产生了选择性吸收效应,即只吸收特定波长的光。各种不同的物质都具有其各自的吸收光谱,因此当某单色光通过溶液时,其能量由于被吸收而减弱,光能量减弱的程度和物质的浓度之间的关系符合比耳定律:

$$A=\lg\frac{I_0}{I}=\varepsilon cb \tag{Ⅲ-14}$$

$$T=\frac{I}{I_0} \tag{Ⅲ-15}$$

式中　A——吸光度；

　　　I_0——入射光强度；

　　　I——透射光强度；

　　　T——透射比；

　　　ε——摩尔吸光系数；

　　　c——溶液浓度；

　　　b——溶液层的厚度。

由比耳定律可知，当吸光系数、溶液层的厚度不变时，溶液的吸光度与溶液的浓度成正比。

二、722 型分光光度计

1. 仪器面板

本仪器键盘上共有四个键：

（1）"A/T/C/F"键：每次按此键可来回切换 A、T、C、F 之间的值。A 是吸光度，T 是透射比，C 是浓度，F 是斜率。

（2）"SD"键：该键具有两个功能。第一是用于 RS232 串行口和计算机传输数据（单向传输数据，仪器发向计算机）；第二是当处于 F 状态时，具有确认的功能，即确认当前的 F 值，并自动转到 C，计算当前的 C 值（$C = FA$）。

（3）"▽/0%"键：该键具有两个功能，第一是调零，只有在 T 状态时有效，打开样品室盖，按此键后应显示"000.0"；第二是下降，只有在 F 状态时有效，按此键 F 值会自动减 1，如果按住此键不放，自动减 1 的速度会加快，如果 F 值降为 0 后，再按此键，会自动显示"1999"，再按此键，又开始自动减 1。

（4）"△/100%"键：该键具有两个功能。第一，只有在 A、T 状态时有效，关闭样品室盖，按此键后应显示"0.000""100.0"；第二，上升键，只有在 F 状态时有效，按此键 F 值会自动加 1，如果按住此键不放，自动加 1 的速度会加快，如果 F 值增为 1999 后，再按此键，会自动显示"0"，再按此键，又开始自动加 1。

2. 操作步骤

（1）仪器使用前需先开机预热 30 min。

（2）将参比溶液或蒸馏水、待测溶液放入各自的比色皿中，再将比色皿放置在样品室中的样品架上。

（3）调节波长选择键，选定所需波长。

（4）拉样品架推杆，使装有参比溶液或蒸馏水的比色皿置于光路中。按"A/T/C/F"键，选择 A 或 T，进行调零。

（5）拉样品架推杆，使装有待测溶液的比色皿置于光路中。按"A/T/C/F"键，选择相应的状态，进行测量。

3. 注意事项

（1）每次选择新的波长后，都需要进行调零校准。

（2）为确保仪器稳定工作，在电源波动较大的地方，建议使用交流稳压电源。

（3）当仪器停止工作时，应先关闭仪器电源开关，再切断电源。

（4）为避免仪器积灰和沾污，在停止工作的时候，要用防尘罩罩住仪器，同时在罩子内放置数袋防潮剂，以免灯室受潮、反射镜镜面发霉或沾污，影响仪器日后的使用。

(5) 仪器工作数月或搬动后，要检查波长准确度，以确保仪器的使用和测量精度。

三、UV1102 型紫外分光光度计

1. 操作步骤

打开主机右侧的电源开关，仪器进入自检状态。自检完毕后进入仪器主菜单"Main Menu"页面。一些常用数据的测定方法如下：

(1) 单波长光度测定

① 在"Main Menu"页面下选择数字 5，进入"Date Display"页面。按"Goto WL"键后屏幕下方出现光标"WL"，按数字键输入所需波长后按"Enter"键。

② 放入参比溶液在指定位置后按"Autozero"键调零，此时吸光度为 0.000ABS。

③ 放入样品拉到检测位置后即可读出样品或标样的吸光度。

(2) 多波长光度测定

① 按"Main Menu"键回到主菜单页面，选择 1 进入"Photometry"页面，再选择 1 进入"%T/ABS"页面，分别设定 1NUM WL 波长、2WL Setting 波长及 3Date Mode 数据。在每项设定完成后按"Clear return"键返回上一界面。

② 设定完毕后按 0，系统会提示"Autozero"自动调零。

③ 放入参比样品按"Start"键自动调零，放入待测样品或标样按"Start"键即可读数。

(3) 定量测定

① 在"Main Menu"页面下选择 1 进入"Photometry"页面，再按 3 进入"Concentration"页面，分别设定 1NUM WL 波长、2WL Setting 波长、3Zoom 吸光度和浓度范围、4 Concentration Type 曲线拟合方式（选择 1st）、5Num Stds 标样点的数量、6STDS DATE 各标样的浓度。在每项设定完成后按"Clear return"键返回上一界面。

② 以上设定完成后，按 0 进入自动调零。

③ 放入参比调零后，按照 6STDS DATE 各标样浓度的顺序逐个放入标样，并按"Start"键进行测量。标样测定完毕后下方有提示，按 1Graph 进入标准曲线的界面，按 3Print 打印该曲线。

④ 打印完毕后按"2Measure"进入"Concentration"浓度测量界面，逐个放入待测样品按"Start"键进行测量，即可读出样品的吸光度和浓度。测量完毕后按 1Print 打印。

2. 注意事项

(1) 仪器在长时间不用的情况下，确保每半个月能开机一次（约 30min）。保证实验室环境的温度在 15～30℃，相对湿度小于 65%。

(2) 在测量过程中注意比色皿的配对，不然会引起较大误差。

仪器 8　WZZ-2B 全自动旋光仪

一、光学原理

光是一种电磁波，电磁波是横波。而振动方向和光波前进方向构成的平面叫做振动面。自然光的振动面不只限于一个固定方向，而是在各个方向上均匀分布的。振动面只限于某一固定方向的光，称为偏振光。一束自然光以一定角度进入尼科尔棱镜（由两块直角棱镜组

成）后，分解成两束振动面相互垂直的平面偏振光（图Ⅲ-23）。

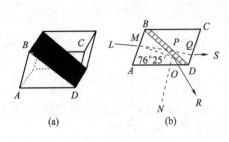

图Ⅲ-23 尼科尔棱镜

由于折射率不同，两束光经过第一块棱镜面到达该棱镜与加拿大树胶层的界面时，折射率大的一束光被全反射，并由棱镜框之上的黑色涂层吸收；另一束光可以透过第二块直角棱镜，从而在尼科尔棱镜的出射方向上得到一束单一的平面偏振光。这里，尼科尔棱镜称为起偏振镜。

当一束平面偏振光照射在尼科尔棱镜上时，若光的偏振面与棱镜的主截面一致，即可全透过。若两者垂直，光则被全反射；当两者的夹角在 0～90°时，则透过棱镜的光强度发生衰减。所以，使用尼科尔棱镜又可以测出偏振光的偏振面方向，起此作用的尼科尔棱镜叫做检偏振镜。

旋光仪就是利用起偏振镜和检偏振镜来测定旋光度的，其光路示意图如图Ⅲ-24 所示。

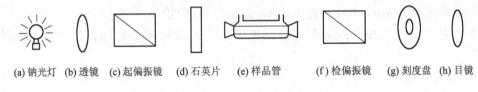

(a) 钠光灯 (b) 透镜 (c) 起偏振镜 (d) 石英片 (e) 样品管 (f) 检偏振镜 (g) 刻度盘 (h) 目镜

图Ⅲ-24 旋光仪光路示意图

在不放入样品管的情况下，由钠光灯发出的钠黄光首先经透镜进入固定的起偏振镜，从而得到一束单色的偏振光。该偏振光可直接进入可转动的检偏振镜。若将检偏振镜转到其主截面与起偏振镜主截面相垂直的位置，偏振光棱全反射，在目镜中观察到的视野是最暗的。此时，若在起偏振镜与检偏振镜之间放入装有蔗糖溶液的样品管，则偏振光经过样品管时，偏振面被旋转了一定的角度，光的偏振面不再与检偏振镜的主截面垂直。这样就会有部分光透过检偏振镜，其光强度为原偏振光强度在检偏振镜主截面方向上的分量。此时，目镜中观察到的视野不再是最暗的。欲使其恢复最暗，必须将检偏振镜旋转与光偏振面转过同样的角度。这个角度可以在与检偏振镜同轴转动的刻度盘上读出，这就是溶液的旋光度。

二、WZZ-2B 全自动旋光仪的特点、结构及操作方法

1. 仪器特点及结构

WZZ-2B 全自动旋光仪采用光电自动平衡原理进行旋光度测量，测量结果由数字显示。它具有体积小、灵敏度高、读数方便等特点，对目视旋光仪难以分析的低旋光度样品也能适应。

WZZ-2B 全自动旋光仪的结构图、剖面图及外观图分别如图Ⅲ-25～图Ⅲ-27 所示。

2. 操作方法

（1）将仪器电源插头插入 220V 交流电源，要求使用交流电子稳压器（1kVA），并将接地脚可靠接地。

（2）向上打开电源开关，这时钠光灯在交流工作状态下起辉，经 5min 钠光灯激活后钠光灯才发光稳定。

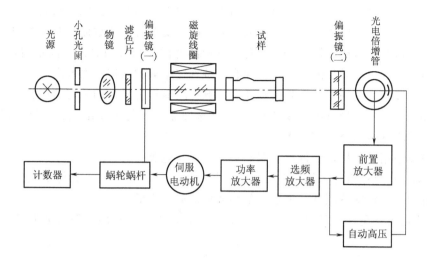

图Ⅲ-25　WZZ-2B全自动旋光仪结构图

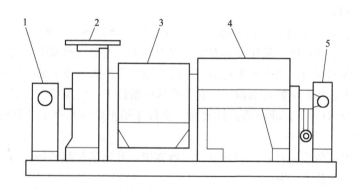

图Ⅲ-26　WZZ-2B全自动旋光仪剖面图

1—光源；2—计数盘；3—磁旋线圈；4—样品室；5—光电倍增管

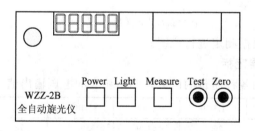

图Ⅲ-27　WZZ-2B全自动旋光仪外观图

（3）向上打开光源开关。若将光源开关向上扳后钠光灯熄灭，则再将光源开关上下重复扳动1～2次，使钠光灯在直流电流下点亮。

（4）打开测量开关，这时数码管应有数字显示。

（5）将装有蒸馏水或其他空白溶剂的试管放入样品室，盖上箱盖，待示数稳定后按清零按钮。试管中若有气泡,应先让气泡浮在凸颈处;通光面两端的雾状水滴应用软布揩干。试管螺帽不宜旋得过紧,以免产生应力影响读数。试管安放时应注意标记的位置和方向。

(6) 取出试管。将待测样品注入试管,按相同的位置和方向放入样品室内,盖好箱盖,仪器数显窗将显示出该样品的旋光度。注意:试管应用被测试样润洗数次。

(7) 逐次按下复测按钮,重复读数几次,取平均值作为样品的测定结果。

(8) 如样品超出测量范围,仪器在±45°处来回振荡。此时取出试管,仪器即自动转回零位。此时可将试液稀释一倍再测。

(9) 仪器使用完毕后,应依次关闭测量、光源、电源开关。

(10) 钠灯在直流供电系统出现故障不能使用时,仪器也可在钠光灯交流供电(光源开关不向上开启)的情况下测试,但仪器的性能可能略有降低。

(11) 当放入小角度样品(<0.5°)时,示数可能变化,这时只要按复测按钮,就会出现新的数字。

仪器 9　FD-NST-Ⅰ型液体表面张力测定仪

一、基本原理

液体中各分子间相互吸引,在液体内部,每个分子所受各方向的力是一样的,即受力平衡,靠近表面的分子则不同,液体内部对它的吸引力大于外部(通常指空气)对它的引力,故表面分子受到向内的拉力,表面产生自动缩小的趋势。要扩大液体表面,即把一部分分子从内部移到表面上,就必须对抗拉力而做功。在等温等压条件下,增加单位表面积所需的功称为表面自由能,单位为 $N \cdot m^{-1}$。即沿着液体表面,垂直作用于单位长度上的紧缩力,定义为表面张力,用 σ 表示。

一个有一定厚度的金属环,将该环浸没于液体中,并渐渐拉起圆环,当它从液面拉脱瞬间传感器受到的拉力差值 Δf 为:

$$\Delta f = \pi(D_1 + D_2)\sigma \tag{Ⅲ-16}$$

式中　D_1,D_2——圆环外径和内径;
　　　σ——液体表面张力系数。

所以液体表面张力系数为:

$$\sigma = \Delta f / [\pi(D_1 + D_2)] \tag{Ⅲ-17}$$

下面通过具体实验数据测定进行说明。

1. 硅压阻力敏传感器定标

力敏传感器上分别加各种质量的砝码,测出相应的电压输出值,实验结果如下:

砝码质量/g	0.5000	1.000	1.500	2.000	2.500	3.000	3.500
电压输出值/mV	15.0	29.8	44.9	59.9	74.9	87.4	103.0

进行直线拟合,得到力敏传感器灵敏度 $B = 29.23 \text{mV} \cdot \text{g}^{-1}$;拟合的相关系数 $r = 0.9997$,这说明拉力与电压输出值为线性关系,可用下式表示:

$$fB = Ug \tag{Ⅲ-18}$$

2. 测量

用游标卡尺测量金属圆环:外径 $D_1 = 3.500 \text{cm}$,内径 $D_2 = 3.286 \text{cm}$。调节上升架,记

录环在即将拉断水柱时数字电压表的读数 U_1，拉断时数字电压表的读数 U_2，结果如下（待测液体为净化水，水的温度为 30.1℃）：

序 号	U_1/mV	U_2/mV	$\Delta f/10^{-3}$N	σ/N·m^{-1}	$\bar{\sigma}$/N·m^{-1}
1	57.1	12.2	15.04	0.0706	
2	60.9	16.2	14.98	0.0703	0.0705
3	77.4	32.5	15.04	0.0706	
4	62.3	17.5	15.01	0.0704	

由式（Ⅲ-18），可得拉力差值 Δf：

$$\Delta f = (U_1 - U_2)g/B = (57.1 - 12.2) \times 9.794 \times 10^{-3}/29.23 = 15.04 \times 10^{-3} (\text{N})$$

测定地区的重力加速度 $g = 9.794 \text{m/s}^2$，由此可得：

$$\sigma = \Delta f/[\pi(D_1 + D_2)] = 15.04 \times 10^{-3}/\pi(3.500 + 3.286) \times 10^{-2} = 0.0705 (\text{N·m}^{-1})$$

本次测量结果与公认值 0.0718N·m^{-1} 的百分误差为 1.0%。

二、仪器结构及操作步骤

1. 仪器结构

FD-NST-Ⅰ型表面张力测定仪如图Ⅲ-28 所示。

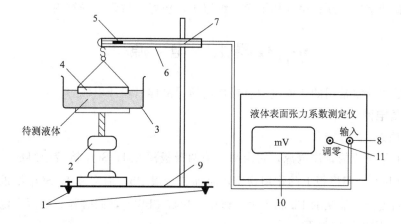

图Ⅲ-28 FD-NST-Ⅰ型表面张力测定仪结构图
1—调节螺丝；2—升降螺丝；3—玻璃盛皿；4—吊环；5—力敏传感器；6—支架；
7—固定螺丝；8—航空插头；9—底座；10—数字电压表；11—调零

2. 操作步骤

（1）开机预热 15min。

（2）清洗玻璃盛皿和吊环。

（3）在玻璃盛皿内放入被测液体，并安放在升降台上（玻璃盛器底部与升降台面可用双面胶贴紧固定）。

（4）将砝码盘挂在力敏传感器的钩上。

（5）若整机已预热 15min 以上，可对力敏传感定标，在加砝码前应先将仪器调零，安放砝码时应尽量轻。

（6）换吊环前应先测定吊环的内外直径，然后挂上吊环，在测定液体表面张力系数过程中，可观察到液体产生的浮力与张力的情况与现象，以顺时针转动升降台大螺帽时液面上升，当环下沿部分均浸入液体中时，改为逆时针转动该螺帽，这时液面向下降（或者说相对吊环向上提拉），观察环浸入液体中及从液体中拉起时的物理过程和现象。特别应注意：吊环即将拉断液柱前一瞬间数字电压表读数值为 U_1，拉断时瞬间数字电压表读数为 U_2，记下这两个数值。

3. 注意事项

（1）吊环须严格处理干净。可先用 NaOH 溶液洗净油污或杂质后，再用清水冲洗干净，并用热吹风烘干。

（2）吊环水平须调节好，偏差为 10，测量结果引入误差为 0.5%；偏差为 20，则误差为 1.6%。

（3）仪器开机，需预热 15min。

（4）在旋转升降台时，尽量使液体的波动小。

（5）工作室内的风力不宜过大，以免吊环摆动，致使零点波动，导致所测系数不准确。

（6）若液体为纯净水，在使用过程中防止灰尘和油污及其他杂质污染。应特别注意：手指不要接触被测液体。

（7）使用结束后，请将传感器的帽盖旋好，以免损坏。

（8）实验结束后，须将吊环用干净的纸擦干，包好，放入干燥缸内。

仪器 10 电 源

物理化学实验室常用的直流电源有铅蓄电池、晶体管稳压电源等。

一、铅蓄电池

1. 基本原理

铅蓄电池是重要的直流电源，它由阴、阳两极板浸在 H_2SO_4 溶液中组成。阴极板上的作用物质是 PbO_2，阳极板上的作用物质是海绵状金属 Pb，通常称 H_2SO_4 溶液为电液。电池放电时，阳极上海绵状的 Pb 和 SO_4^{2-} 作用，生成 $PbSO_4$，同时释放出两个电子（通常标以"－"号）。阳极反应如下：

$$Pb(s) + SO_4^{2-} \longrightarrow PbSO_4(s) + 2e$$

与此同时，阴极得到两个电子（通常标以"＋"号），阴极板上的 PbO_2 和硫酸作用也生成 $PbSO_4$。阴极反应如下：

$$PbO_2(s) + H_2SO_4 + 2H^+ + 2e \longrightarrow PbSO_4(s) + 2H_2O$$

因此进行放电时，两极作用物质表面都将逐渐被 $PbSO_4$ 覆盖，而 H_2SO_4 逐渐被消耗掉，生成水，电液会越来越稀。充电过程的反应刚好与放电过程相反。

实验室中常用的为汽车蓄电池，由三个单位所组成，每个单位的端电压限为 2V 左右，串联后端电压为 6V 左右。容量为几十至一百安·时，视电池大小而定。若放电后每单位电池的端电压降至 1.8V，就不能再继续使用，必须进行充电。电池中的电液是化学纯的稀 H_2SO_4，充电后，电液的相对密度为 1.26~1.28（15℃），电液液面高出极板顶端约 1.5cm。

2. 使用注意事项

铅蓄电池的使用和维护是否正确，对电池的寿命和容量影响极大。若使用得当，一个铅蓄电池可以充放电达 300 次；若使用不当，电池的寿命和容量会很快下降，其主要原因是：第一，当电池放电后，在极板上沉淀的 $PbSO_4$ 受到外界温度改变等的影响，结晶颗粒慢慢变大，一般的充电不能使它变成 Pb 或 PbO_2，这种现象通常称为硫酸化；第二，电池中有杂质存在或电液浓度不均匀，在电池内部构成局部电池，消耗极板上的作用物质；第三，电池外部不清洁，使得在两极间构成通路，自行放电。因此铅蓄电池即使闲置不用，也要定期（一个月）充电。注意维护，防止极板硫酸化和自行放电。其他还应注意以下事项：

（1）保持表面和两极干燥清洁，电池上不许堆放其他仪器和物件。

（2）避免日光照射或靠近热源、时冷时热，因为这样最容易使硫酸铅晶粒变大。

（3）使用由三个单位串联而成的 6V 蓄电池时，应考虑放电的均衡，不要只用其中一个单位。这样充电时，有的充电不足，而有的过量，影响寿命。

（4）用蓄电池时，两极的电池夹要夹紧，以免产生接触电阻，影响电压的稳定。不用时接线不应留在电极上，以防意外短路。

（5）放电的电流不能过大，一般不能超过 5A。

（6）每个单位电池在放电电压降至 1.8V 时，应立即进行充电。

（7）大量蓄电池充电时，放出很多氢气，室外要有排风设备，要严禁烟火，以防发生爆炸事故。

（8）刚充电的蓄电池电压经常不稳定，若用以测电动势，宜稍放电后再用。

（9）搬运蓄电池时，要防止电液流出，腐蚀衣物和烧伤皮肤。

二、晶体管稳压电源

1. 基本原理

稳压电源有许多型号，如 WYJ-6B、WYJ-7B、WYJ-9B、WYJ-30B 等均为较高稳定度的 1～30V 连续可调的直流稳压电源。WYJ-30B 可有最大电流 1A 和 0.5A 两组输出，互不影响。它们由整流滤波、调整、保护线路等构成，其原理图如图Ⅲ-29 所示。

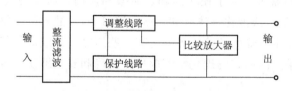

图Ⅲ-29　晶体管稳压电源方框图

当输出电压由于输入电压或负载变化而偏离原来的电压值时，此变化的电压经过比较放大后控制调整器，使调整器电压产生一相应的变化。因而使输出电压趋于原值，起到稳压作用。

负载电流在额定数值以内时，保护线路对整个电源不起作用；但当过载或短路时，它能控制调制器使其截止（即输出电压为零），从而使负载和电源均得到保护。

2. 使用 WYJ 系列电源的注意事项

（1）如精度要求较高时，需预热 30min，性能方可稳定，一般使用开机即可。

（2）本系列电源可串联使用，但最高输出电压不得超过 750V。容量相同的电源串联后，共输出电流不得超过单机容量的电流数值；容量不同的电源串联后，输出的最大电流不得超过最小容量的单机的电流。注意：在串联使用时，各单机上的接地（机壳）连接片，不能与输出正端或输出负端连接，以免机器叠加后造成短路。

（3）本系列电源采用磁饱和电抗器，因而外露磁场较大。如果担心磁场干扰影响其他仪器，应把电源放置远些。

3. WYJ-30B 使用注意事项

（1）"粗调"和"细调"要适当配合。例如，所需电压为 10V 时，应把粗调放在 15V 挡，然后用"细调"调至 10V，切勿放在 9V 或 20V 挡。

（2）在使用过程中，因过载或外界强干扰处于保护状态（输出为零）时，在除去负载后，可将细调旋钮逆时针旋转至终端，然后再顺时针旋至所需的电压。如接入负载后电压又降至零，在使用过程中，没有除去负载的情况下，不得将细调旋钮旋至左端终点，因为此时保护电路不起作用，易烧毁电源。

（3）此电源不能串联、并联使用。

三、其他说明

上述铅蓄电池和晶体管稳压电源等直流稳压电源在额定负载之内，当交流电压变化±10%时，其输出电压变化小于±0.1%。当要求稳压精度更高时，可改用其他型号或在晶体管稳压电源前再加一级交流稳压器。常用的电子交流稳压器，如 614-c 型。

使用 614-c 型电子交流稳压器时，应注意开启电源开关约 1min 以后再开高压开关，调"电压调节"旋钮至所需电压（220V），5min 后方可接上负荷。关闭时，步骤与开启相反。如开机后，调电压调节旋钮仍不能达到所需电压，应立即关机检查。

仪器 11　常用压缩气体钢瓶

一、气体钢瓶的使用及注意事项

在物理化学实验中，经常要使用一些气体，如燃烧热的测定实验中要使用氧气，气相色谱实验中要用到氢气和氮气。为了便于运输、储藏和使用，通常将气体压缩成为压缩气体（如氢气、氮气、氧气等）或液化气体（如液氨和液氯等），灌入耐压钢瓶内。当钢瓶受到撞击或高温时，就会有发生爆炸的危险。另外，有一些压缩气体或液化气体则有剧毒，一旦泄漏，将造成严重的后果，因而在物理化学实验中，正确和安全地使用各种压缩气体或液化气体钢瓶是十分重要的。

使用气体钢瓶时，必须注意下列事项：

（1）在气体钢瓶使用前，要按照钢瓶外表的油漆颜色、字样等正确识别气体的种类，切勿误用，以免造成事故，气体钢瓶的颜色及标字参见表Ⅲ-3。如钢瓶因使用过久而色标脱落，应及时按上述规定进行漆色、标注气体名称和涂刷横条。

表Ⅲ-3　气体钢瓶的颜色及标字

气体类别	瓶体颜色	标　字	标字颜色
氧气	天蓝	氧	黑
氮气	黑	氮	黄
氢气	深绿	氢	红

续表

气体类别	瓶体颜色	标　字	标字颜色
氨气	黄	氨	黑
氯气	草绿	氯	白
乙炔	白	乙炔	红
二氧化碳	黑	二氧化碳	黄
压缩空气	黑	压缩空气	白

（2）气体钢瓶在运输、储存和使用时，注意勿使气体钢瓶与其他坚硬物体撞击，或暴晒在烈日下以及靠近高温处，以免引起钢瓶爆炸。钢瓶应定期进行安全检查，如进行水压试验、气密性试验和壁厚测定等。

（3）严禁油脂等有机物沾污氧气钢瓶，因为油脂遇到逸出的氧气就可能燃烧，如已有油脂沾污，则应立即用四氯化碳洗净。氢气、氧气或可燃性气体的钢瓶严禁靠近明火。

（4）存放氢气钢瓶或其他可燃性气体钢瓶的房间应注意通风，以免漏出的氢气或可燃性气体与空气混合后遇到火种发生爆炸。室内的照明灯及通风设备均应防爆。

（5）原则上，有毒气体（如液氯等）钢瓶应单独存放，严防有毒气体逸出，注意室内通风。最好在存放有毒气体钢瓶的室内设置毒气鉴定装置。

（6）若两种钢瓶中的气体接触后可能引起燃烧或爆炸，则这两种钢瓶不能存放在一起。如氢气瓶和氧气瓶、氢气瓶和氯气瓶等。氧、液氯、压缩空气等助燃气体钢瓶严禁与易燃物品放置在一起。

（7）钢瓶应放在阴凉，远离电源、热源（如阳光、暖气、炉火等）的地方，并加以固定，防止滚动或歪倒。为确保安全，最好在钢瓶外面装置橡胶防震圈。液化气体钢瓶使用时一定要直立放置，禁止倒置使用。

（8）高压钢瓶必须安装好减压阀后方可使用。通常，可燃性气体钢瓶上阀门的螺纹为反扣（如氢、乙炔），其他则为正扣。各种减压阀绝不能混用。开、闭气阀时，操作人员应避开瓶口方向，站在侧面，并缓慢操作，不能猛开阀门。

（9）钢瓶内气体不能完全用尽，应保持在 0.05MPa 表压以上的残留压力，以防止外界空气进入气体钢瓶，在重新灌气时发生危险。

（10）钢瓶须定期送交检验，合格钢瓶才能充气使用。

二、氧气钢瓶减压器的使用

（1）依使用要求的不同，氧气减压器有多种规格。最高进口压力大多为 $1.47 \times 10^4 \text{kPa}$（150kg·cm^{-2}），最低进口压力应不小于出口压力的 2.5 倍。出口压力规格较多，最低为 0～98.1kPa（0～1kg·cm^{-2}），最高为 0～3.92×10^3 kPa（0～40kg·cm^{-2}）。

（2）安装减压器时，应确定其连接尺寸规格是否与钢瓶和使用系统的接头相一致，接头处需用垫圈。安装前须瞬时开启气瓶阀吹除灰尘，以免带入杂质。

（3）氧气减压器严禁接触油脂，以免发生火灾事故。也不得用棉、麻等物堵住减压器，以防燃烧引起事故。减压器及扳手上的油污应用酒精擦去。

（4）停止工作时，应将减压器中的余气放净，然后拧松调节螺杆以免弹性元件长久受压变形。

（5）减压器应避免撞击振动，不可与腐蚀性物质接触。

其他气体钢瓶减压器的使用方法及注意事项，可参照氧气钢瓶。

附录

相关数据表

附表1 原子量表

原子序数	名称	符号	原子量	原子序数	名称	符号	原子量
1	氢	H	1.0079	26	铁	Fe	55.847
2	氦	He	4.0026	27	钴	Co	58.9332
3	锂	Li	6.941	28	镍	Ni	58.7
4	铍	Be	9.01218	29	铜	Cu	63.546
5	硼	B	10.81	30	锌	Zn	65.38
6	碳	C	12.011	31	镓	Ga	69.72
7	氮	N	14.0067	32	锗	Ge	72.59
8	氧	O	15.9994	33	砷	As	74.9216
9	氟	F	18.998403	34	硒	Se	78.96
10	氖	Ne	20.179	35	溴	Br	79.904
11	钠	Na	22.98977	36	氪	Kr	83.8
12	镁	Mg	24.305	37	铷	Rb	85.4678
13	铝	Al	26.98154	38	锶	Sr	87.62
14	硅	Si	28.0855	39	钇	Y	88.9059
15	磷	P	30.97376	40	锆	Zr	91.22
16	硫	S	32.06	41	铌	Nb	92.9064
17	氯	Cl	35.453	42	钼	Mo	95.94
18	氩	Ar	39.948	43	锝	Tc	[98]
19	钾	K	39.0983	44	钌	Ru	101.07
20	钙	Ca	40.08	45	铑	Rh	102.9055
21	钪	Sc	44.9559	46	钯	Pd	106.4
22	钛	Ti	47.9	47	银	Ag	107.868
23	钒	V	50.9415	48	镉	Cd	112.41
24	铬	Cr	51.966	49	铟	In	114.82
25	锰	Mn	54.938	50	锡	Sn	118.69

续表

原子序数	名称	符号	原子量	原子序数	名称	符号	原子量
51	锑	Sb	121.75	79	金	Au	196.9665
52	碲	Te	127.6	80	汞	Hg	200.59
53	碘	I	126.9045	81	铊	Tl	204.37
54	氙	Xe	131.3	82	铅	Pb	207.2
55	铯	Cs	132.9054	83	铋	Bi	208.9804
56	钡	Ba	137.33	84	钋	Po	[209]
57	镧	La	138.9055	85	砹	At	[210]
58	铈	Ce	140.12	86	氡	Rn	[222]
59	镨	Pr	140.9077	87	钫	Fr	[223]
60	钕	Nd	144.24	88	镭	Ra	226.0254
61	钷	Pm	[145]	89	锕	Ac	227.028
62	钐	Sm	150.4	90	钍	Th	232.0381
63	铕	Eu	151.96	91	镤	Pa	231.0359
64	钆	Gd	157.25	92	铀	U	238.029
65	铽	Tb	158.9254	93	镎	Np	237.0482
66	镝	Dy	162.5	94	钚	Pu	[244]
67	钬	Ho	164.9304	95	镅	Am	[243]
68	铒	Er	167.26	96	锔	Cm	[247]
69	铥	Tm	168.9342	97	锫	Bk	[247]
70	镱	Yb	173.04	98	锎	Cf	[251]
71	镥	Lu	174.967	99	锿	Es	[254]
72	铪	Hf	178.49	100	镄	Fm	[257]
73	钽	Ta	180.9479	101	钔	Md	[258]
74	钨	W	183.85	102	锘	No	[259]
75	铼	Re	186.2	103	铹	Lr	[260]
76	锇	Os	190.2	104	𬬻	Rf	[261]
77	铱	Ir	192.22	105	𬭊	Db	[262]
78	铂	Pt	195.09	106	𬭳	Sg	[263]

注：带括号者为放射性元素的半衰期最长的同位素的原子量。

附表2 国际单位制的基本单位

量的名称	量的符号	单位名称	单位代号	
			中文	国际
长度	L	米	米	m
质量	m	千克(公斤)	千克	kg
时间	t	秒	秒	s
电流	I	安培	安	A
热力学温度	T	开尔文	开	K

续表

量的名称	量的符号	单位名称	单位代号 中文	单位代号 国际
物质的量	n	摩尔	摩	mol
发光强度	$I, (Iv)$	坎德拉	坎	cd

附表3 国际单位制中具有专门名称的导出单位

量的名称	单位名称	单位符号	其他表示示例 用SI单位示例	其他表示示例 用SI基本单位示例
频率	赫[兹]	Hz	—	s^{-1}
力；重力	牛[顿]	N	—	$m \cdot kg \cdot s^{-2}$
压力；压强；应力	帕[斯卡]	Pa	$N \cdot m^{-2}$	$m^{-1} \cdot kg \cdot s^{-1}$
能量；功；热	焦[耳]	J	$N \cdot m$	$m^2 \cdot kg \cdot s^{-1}$
功率；辐射热量	瓦[特]	W	$J \cdot s^{-1}$	$m^2 \cdot kg \cdot s^{-3}$
电荷量	库[仑]	C	—	$s \cdot A$
电位；电压；电动势	伏[特]	V	$W \cdot A^{-1}$	$m^2 \cdot kg \cdot s^{-3} \cdot A^{-1}$
电容	法[拉]	F	$C \cdot V^{-1}$	$m^{-2} \cdot kg \cdot s^4 \cdot A^2$
电阻	欧[姆]	Ω	$V \cdot A^{-1}$	$m^2 \cdot kg \cdot s^{-3} \cdot A^{-2}$
电导	西[门子]	S	$A \cdot V^{-1}$	$m^{-2} \cdot kg^{-1} \cdot s^3 \cdot A^2$
磁通量	韦[伯]	Wb	$V \cdot s$	$m^2 \cdot kg \cdot s^{-2} \cdot A^{-1}$
磁通量密度；磁感应强度	特[斯拉]	T	$Wb \cdot m^{-2}$	$kg \cdot s^{-2} \cdot A^{-1}$
电感	亨[利]	H	$Wb \cdot A^{-1}$	$m^2 \cdot kg \cdot s^{-2} \cdot A^{-2}$
摄氏温度	摄氏度	℃	—	K
光通量	流[明]	lm	—	$cd \cdot sr$
光照度	勒[克斯]	lx	$lm \cdot m^{-2}$	$m^{-2} \cdot cd \cdot sr$
放射性活度	贝可[勒尔]	Bq	—	s^{-1}
吸收剂量	戈[瑞]	Gy	$J \cdot kg^{-1}$	—
剂量相当	希[沃特]	Sv	$J \cdot kg^{-1}$	—

注：方括号中的字，在不致引起混淆、误解的情况下，可以省略。去掉方括号中的字即为其名称的简称，下同。

附表4 力的单位换算

单位	牛顿(N)	千克力(kgf)	达因(dyn)
1牛顿	1	0.101972	1×10^5
1千克力	9.80665	1	980665
1达因	1×10^5	1.01972	1

附表 5　压力的单位换算

单 位	帕斯卡 （Pa）	千克力·米$^{-2}$ （kgf·m^{-2}）	巴 （bar）	毫米汞柱 （mmHg）	标准大气压 （atm）
1 帕斯卡	1	0.101972	1×10^{-5}	7.50062×10^{-3}	9.86923×10^{-6}
1 千克力·米$^{-2}$	9.80665	1	9.80665×10^{-5}	7.35559×10^{-2}	9.67841×10^{-5}
1 巴	1×10^{5}	1.01972×10^{4}	1	750.062	0.986923
1 毫米汞柱	133.322	13.5951	1.33322×10^{-3}	1	1.31579×10^{-3}
1 标准大气压	1.01325×10^{5}	1.03323×10^{4}	1.01325	760	1

附表 6　能量的单位换算

单 位	焦耳 （J）	千克力·米 （kgf·m）	千瓦·小时 （kW·h）	升·大气压 （L·atm）	卡 （cal）
1 焦耳	1	0.10192	0.277778×10^{-6}	9.86923×10^{-3}	0.238846
1 千克力·米	9.80665	1	2.72407×10^{-6}	9.67841×10^{-2}	2.34226
1 千瓦·时	3.6×10^{6}	3.67098×10^{5}	1	3.55293×10^{4}	0.859846×10^{6}
1 升·大气压	101.325	10.3323	2.81459×10^{-5}	1	24.2011
1 卡	4.1868	0.426935	1.16300×10^{-6}	4.13205×10^{-2}	1
1 尔格	1×10^{-7}	1.01972×10^{-8}	2.77778×10^{-14}	9.86923×10^{-10}	2.38846×10^{-8}

附表 7　SI 词头

因 次	词头名称		符 号
	原文（法）	中文	
10^{18}	exa	艾［可萨］	E
10^{15}	peta	拍［它］	P
10^{12}	tera	太［拉］	T
10^{9}	giga	吉［咖］	G
10^{6}	mèga	兆	M
10^{3}	kilo	千	k
10^{2}	hecto	百	h
10^{1}	deca	十	da

续表

因　次	词头名称		符　号
	原文（法）	中　文	
10^{-1}	deci	分	d
10^{-2}	centi	厘	c
10^{-3}	milli	毫	m
10^{-6}	micro	微	μ
10^{-9}	nano	纳[诺]	n
10^{-12}	pico	皮[可]	p
10^{-15}	femto	飞[母托]	f
10^{-18}	atto	阿[托]	a

附表 8　基本常数

常　数	符　号	数　值
原子质量单位	u	1.66057×10^{-27} kg
真实中的光速	c	2.99792×10^{8} m·s^{-1}
元电荷	e	1.60219×10^{-19} C
法拉第常数	F	9.64846×10^{4} C·mol^{-1}
普朗克常数	h	6.62618×10^{-34} J·s
玻尔兹曼常数	k	1.38066×10^{-23} J·K^{-1}
阿伏伽德罗常数	L	6.02205×10^{23} mol^{-1}
摩尔气体常数	R	8.3145 J·mol^{-1}·K^{-1}

附表 9　不同温度下水与空气界面上的表面张力

温度 t/℃	表面张力 $\sigma/10^{-3}$ N·m^{-1}	温度 t/℃	表面张力 $\sigma/10^{-3}$ N·m^{-1}	温度 t/℃	表面张力 $\sigma/10^{-3}$ N·m^{-1}
0	75.64	19	72.90	30	71.18
5	74.92	20	72.75	35	70.38
10	74.22	21	72.59	40	69.56
11	74.07	22	72.44	45	68.74
12	73.93	23	72.28	50	67.91
13	73.78	24	72.13	55	67.05
14	73.64	25	71.97	60	66.18
15	73.49	26	71.82	70	64.42
16	73.34	27	71.66	80	62.61
17	73.19	28	71.50	90	60.75
18	73.05	29	71.35	100	58.85

附表 10　不同温度下水的饱和蒸气压

温度 $t/℃$	蒸气压 p/Pa	温度 $t/℃$	蒸气压 p/Pa	温度 $t/℃$	蒸气压 p/Pa
0	610.5	14	1598.1	28	3779.5
1	656.7	15	1704.9	29	4005.2
2	705.8	16	1817.7	30	4242.8
3	757.9	17	1937.2	31	4492.3
4	813.4	18	2063.4	32	4754.7
5	872.3	19	2196.7	33	5030.1
6	935.0	20	2337.8	34	5319.3
7	1001.6	21	2486.5	35	5622.9
8	1072.6	22	2643.4	40	7375.9
9	1147.8	23	2808.8	45	9583.2
10	1227.8	24	2983.3	50	12334
11	1312.4	25	3167.2	60	19916
12	1402.3	26	3360.9	80	47343
13	1497.3	27	3564.9	100	101325

附表 11　不同温度下水的黏度

单位：$10^{-3}\,Pa\cdot s$

温度/℃	黏度	温度/℃	黏度	温度/℃	黏度	温度/℃	黏度
0	1.787	11	1.271	22	0.9548	33	0.7491
1	1.728	12	1.235	23	0.9325	34	0.7340
2	1.671	13	1.202	24	0.9111	35	0.7191
3	1.618	14	1.169	25	0.8904	36	0.7052
4	1.567	15	1.139	26	0.8705	37	0.6915
5	1.519	16	1.109	27	0.8513	38	0.6783
6	1.472	17	1.081	28	0.8327	39	0.6654
7	1.428	18	1.053	29	0.8148	40	0.6529
8	1.386	19	1.027	30	0.7975	—	—
9	1.346	20	1.002	31	0.7808	—	—
10	1.307	21	0.9779	32	0.7647	—	—

附表 12 不同温度下液体的密度

单位：g·cm^{-3}

温度/℃	水	乙醇	温度/℃	水	乙醇
−5.0	0.99930	—	18.0	0.99862	0.79114
−4.0	0.99945	—	19.0	0.99843	0.79029
−3.0	0.99958	—	20.0	0.99823	0.78945
−2.0	0.99970	—	21.0	0.99802	0.78860
−1.0	0.99979	—	22.0	0.99780	0.78775
0	0.99987	0.80625	23.0	0.99756	0.78691
1.0	0.9993	0.80541	24.0	0.99732	0.78606
2.0	0.9997	0.80457	25.0	0.99707	0.78522
3.0	0.9999	0.80374	26.0	0.99681	0.78437
4.0	1.0000	0.80290	27.0	0.99654	0.78352
5.0	0.9999	0.80207	28.0	0.99626	0.78267
6.0	0.9997	0.80123	29.0	0.99597	0.78182
7.0	0.9993	0.80039	30.0	0.99567	0.78097
8.0	0.99988	0.79956	31.0	0.99537	0.78012
9.0	0.99981	0.79872	32.0	0.99505	0.77927
10.0	0.99973	0.79788	33.0	0.99473	0.77841
11.0	0.99963	0.79704	34.0	0.99440	0.77756
12.0	0.99952	0.79620	35.0	0.99406	0.77671
13.0	0.99940	0.79535	36.0	0.993371	0.77585
14.0	0.99927	0.79451	37.0	0.99336	0.77500
15.0	0.99913	0.79367	38.0	0.99299	0.7741
16.0	0.99897	0.79283	39.0	0.99262	0.7732
17.0	0.99880	0.79198	40.0	0.99224	—

附表 13 水溶液中一些电极的标准电极电势（25℃）

	电极	电极反应	$E^{\ominus}$/V
第一类电极	Li$^+$∣Li	Li$^+$ + e$^-$ ⇌ Li	−3.045
	K$^+$∣K	K$^+$ + e$^-$ ⇌ K	−2.924
	Ba^{2+}∣Ba	Ba^{2+} + 2e$^-$ ⇌ Ba	−2.90
	Ca^{2+}∣Ca	Ca^{2+} + 2e$^-$ ⇌ Ca	−2.76

续表

电极		电极反应	$E^{\ominus}/V$
第一类电极	$Na^+\mid Na$	$Na^+ + e^- \rightleftharpoons Na$	-2.7111
	$Mg^{2+}\mid Mg$	$Mg^{2+} + 2e^- \rightleftharpoons Mg$	-2.375
	$OH^-,H_2O\mid H_2(g)\mid Pt$	$2H_2O + 2e^- \rightleftharpoons H_2(g) + 2OH^-$	-0.8277
	$Zn^{2+}\mid Zn$	$Zn^{2+} + 2e^- \rightleftharpoons Zn$	-0.7630
	$Cr^{3+}\mid Cr$	$Cr^{3+} + 3e^- \rightleftharpoons Cr$	-0.74
	$Cd^{2+}\mid Cd$	$Cd^{2+} + 2e^- \rightleftharpoons Cd$	-0.4028
	$Co^{2+}\mid Co$	$Co^{2+} + 2e^- \rightleftharpoons Co$	-0.28
	$Ni^{2+}\mid Ni$	$Ni^{2+} + 2e^- \rightleftharpoons Ni$	-0.23
	$Sn^{2+}\mid Sn$	$Sn^{2+} + 2e^- \rightleftharpoons Sn$	-0.1366
	$Pb^{2+}\mid Pb$	$Pb^{2+} + 2e^- \rightleftharpoons Pb$	-0.1265
	$Fe^{3+}\mid Fe$	$Fe^{3+} + 3e^- \rightleftharpoons Fe$	-0.036
	$H^+\mid H_2(g)\mid Pt$	$2H^+ + 2e^- \rightleftharpoons H_2(g)$	0.0000
	$Cu^{2+}\mid Cu$	$Cu^{2+} + 2e^- \rightleftharpoons Cu$	$+0.3400$
	$OH^-,H_2O\mid O_2(g)\mid Pt$	$O_2 + 2H_2O + 4e^- \rightleftharpoons 4OH^-$	$+0.401$
	$Cu^+\mid Cu$	$Cu^+ + e^- \rightleftharpoons Cu$	$+0.522$
	$I^-\mid I_2(s)\mid Pt$	$I_2(s) + 2e^- \rightleftharpoons 2I^-$	$+0.535$
	$Hg_2^{2+}\mid Hg$	$Hg_2^{2+} + 2e^- \rightleftharpoons 2Hg$	$+0.7959$
	$Ag^+\mid Ag$	$Ag^+ + e^- \rightleftharpoons Ag$	$+0.7994$
	$Hg^{2+}\mid Hg$	$Hg^{2+} + 2e^- \rightleftharpoons Hg$	$+0.851$
	$Br^-\mid Br_2(l)\mid Pt$	$Br_2(l) + 2e^- \rightleftharpoons 2Br^-$	$+1.065$
	$H^+,H_2O\mid O_2(g)\mid Pt$	$O_2(g) + 4H^+ + 4e^- \rightleftharpoons 2H_2O$	$+1.229$
	$Cl^-\mid Cl_2(g)\mid Pt$	$Cl_2(g) + 2e^- \rightleftharpoons 2Cl^-$	$+1.3580$
	$Au^+\mid Au$	$Au^+ + e^- \rightleftharpoons Au$	$+1.68$
	$F^-\mid F_2(g)\mid Pt$	$F_2(g) + 2e^- \rightleftharpoons 2F^-$	$+2.87$
第二类电极	$SO_4^{2-}\mid PbSO_4(s)\mid Pb$	$PbSO_4(s) + 2e^- \rightleftharpoons Pb + SO_4^{2-}$	-0.356
	$I^-\mid AgI(s)\mid Ag$	$AgI(s) + e^- \rightleftharpoons Ag + I^-$	-0.1521
	$Br^-\mid AgBr(s)\mid Ag$	$AgBr(s) + e^- \rightleftharpoons Ag + Br^-$	$+0.0711$
	$Cl^-\mid AgCl(s)\mid Ag$	$AgCl(s) + e^- \rightleftharpoons Ag + Cl^-$	$+0.2221$
氧化—还原电极	$Cr^{3+},Cr^{2+}\mid Pt$	$Cr^{3+} + e^- \rightleftharpoons Cr^{2+}$	-0.41
	$Sn^{4+},Sn^{2+}\mid Pt$	$Sn^{4+} + 2e^- \rightleftharpoons Sn^{2+}$	$+0.15$
	$Cu^{2+},Cu^+\mid Pt$	$Cu^{2+} + e^- \rightleftharpoons Cu^+$	$+0.158$
	$H^+,$苯醌,醌氢醌$\mid Pt$	$C_6H_4O_2 + 2H^+ + 2e^- \rightleftharpoons C_6H_4(OH)_2$	$+0.6993$
	$Fe^{3+},Fe^{2+}\mid Pt$	$Fe^{3+} + e^- \rightleftharpoons Fe^{2+}$	$+0.770$
	$Tl^{3+},Tl^+\mid Pt$	$Tl^{3+} + 2e^- \rightleftharpoons Tl^+$	$+1.247$
	$Ce^{4+},Ce^{3+}\mid Pt$	$Ce^{4+} + e^- \rightleftharpoons Ce^{3+}$	$+1.61$
	$Co^{3+},Co^{2+}\mid Pt$	$Co^{3+} + e^- \rightleftharpoons Co^{2+}$	$+1.808$

注:标准态压力 $p^{\ominus} = 100 kPa$。

附表 14 水溶液中强电解质离子的平均活度因子 $\gamma_{\pm}$(25℃)

$b/mol\cdot kg^{-1}$	0.001	0.005	0.01	0.05	0.10	0.50	1.0	2.0	4.0
HCl	0.965	0.928	0.904	0.830	0.796	0.757	0.809	1.009	1.762

续表

$b/\text{mol}\cdot\text{kg}^{-1}$	0.001	0.005	0.01	0.05	0.10	0.50	1.0	2.0	4.0
NaCl	0.966	0.929	0.904	0.823	0.778	0.682	0.658	0.671	0.783
KCl	0.965	0.927	0.901	0.815	0.769	0.650	0.605	0.575	0.582
HNO_3	0.965	0.927	0.902	0.823	0.785	0.715	0.720	0.783	0.982
NaOH	—	—	0.899	0.818	0.766	0.693	0.679	0.700	0.890
$CaCl_2$	0.887	0.783	0.724	0.574	0.518	0.448	0.500	0.792	2.934
K_2SO_4	0.890	0.780	0.710	0.520	0.430	—	—		
H_2SO_4	0.830	0.639	0.544	0.340	0.265	0.154	0.130	0.124	0.171
$CdCl_2$	0.819	0.623	0.524	0.304	0.228	0.100	0.066	0.044	—
$BaCl_2$	0.880	0.770	0.200	0.560	0.490	0.390	0.390		
$CuSO_4$	0.740	0.530	0.410	0.210	0.160	0.068	0.047		
$ZnSO_4$	0.734	0.477	0.387	0.202	0.148	0.063	0.043	0.035	—

附表 15 几种常用有机试剂的折射率

物 质	$t/℃$		物 质	$t/℃$	
	15	20		15	20
苯	1.50439	1.50110	四氯化碳	1.46305	1.49044
丙酮	1.38175	1.3591	乙醇	1.36330	1.36143
甲苯	1.4998	1.4968	环己烷	1.42900	—
醋酸	1.3776	1.3717	硝基苯	1.5547	1.5524
氯苯	1.52748	1.52460	正丁醇	—	1.39909
氯仿	1.44858	1.44550	二硫化碳	1.62935	1.62946
丁酮	—	1.3791	乙酸乙酯		1.372

附表 16 某些有机化合物的标准摩尔燃烧焓（25℃）

物 质	$-\Delta_c H_m^\ominus/\text{kJ}\cdot\text{mol}^{-1}$	物 质	$-\Delta_c H_m^\ominus/\text{kJ}\cdot\text{mol}^{-1}$
CH_4（g）甲烷	890.31	C_2H_4（g）乙烯	1411.0
C_2H_6（g）乙烷	1559.8	C_2H_2（g）乙炔	1299.6
C_3H_8（g）丙烷	2219.9	C_3H_6（g）环丙烷	2091.5
C_5H_{12}（g）正戊烷	3536.1	C_4H_8（l）环丁烷	2720.5
C_6H_{14}（l）正己烷	4163.1	HCHO（g）甲醛	570.78

续表

物　质	$-\Delta_c H_m^\ominus / \text{kJ} \cdot \text{mol}^{-1}$	物　质	$-\Delta_c H_m^\ominus / \text{kJ} \cdot \text{mol}^{-1}$
CH_3CHO (l) 乙醛	1166.40	C_2H_5OH (l) 乙醇	1366.80
C_2H_5CHO (l) 丙醛	1816.00	C_3H_7OH (l) 丙醇	2019.80
$(CH_3)_2CO$ (l) 丙酮	1790.40	C_4H_9OH (l) 正丁醇	2675.80
$HCOOH$ (l) 甲酸	254.60	$(C_2H_5)_2O$ (l) 二乙醚	2751.10
CH_3COOH (l) 乙酸	874.54	C_6H_5OH (s) 苯酚	3053.50
C_2H_5COOH (l) 丙酸	1527.30	C_6H_5CHO (l) 苯甲醛	3528.00
$CH_2CHCOOH$ (l) 丙烯酸	1368.00	$C_6H_5OCH_3$ (l) 苯乙酮	4148.90
C_3H_7COOH (l) 正丁酸	2182.50	C_6H_5COOH (s) 苯甲酸	3226.90
$(CH_3CO)_2O$ (l) 乙酐	1806.20	$C_6H_4(COOH)_2$ (s) 邻苯二甲酸	3223.50
$HCOOCH_3$ (l) 甲酸甲酯	979.50	$C_6H_5COOCH_3$ (l) 苯甲酸甲酯	3958.00
C_5H_{10} (l) 环戊烷	3290.90	$C_{12}H_{22}O_{11}$ (s) 蔗糖	5640.90
C_6H_{12} (l) 环己烷	3919.90	CH_3NH_2 (l) 甲胺	1061.00
C_6H_6 (l) 苯	3267.50	$C_2H_5NH_2$ (l) 乙胺	1713.00
$C_{10}H_8$ (s) 萘	5153.90	$(NH_2)_2CO$ (s) 尿素	631.66
CH_3OH (l) 甲醇	726.51	C_5H_5N (l) 吡啶	2782.00

附表 17　不同温度下 KCl 溶液的电导率 κ

单位：$10^2 \text{S} \cdot \text{m}^{-1}$

$t/℃$	$c/\text{mol} \cdot \text{L}^{-1}$			
	1.000①	0.1000	0.0200	0.0100
0	0.06541	0.00715	0.001521	0.000776
5	0.07414	0.00822	0.001752	0.000896
10	0.08319	0.00933	0.001994	0.001020
15	0.09252	0.01048	0.002243	0.001147
16	0.09411	0.01072	0.002294	0.001173
17	0.09631	0.01095	0.002345	0.001119
18	0.09822	0.01119	0.002397	0.001225
19	0.10014	0.01143	0.002449	0.001251
20	0.10207	0.01167	0.002501	0.001278
21	0.10400	0.01191	0.002553	0.001305
22	0.10594	0.01215	0.002606	0.001332
23	0.10789	0.01239	0.002659	0.001359
24	0.10984	0.01264	0.002712	0.001386

续表

$t/℃$	$c/\text{mol}\cdot\text{L}^{-1}$			
	1.000①	0.1000	0.0200	0.0100
25	0.11180	0.01288	0.002765	0.001413
26	0.11377	0.01313	0.002819	0.001441
27	0.11574	0.01337	0.002873	0.001468
28	—	0.01362	0.002927	0.001496
29	—	0.01387	0.002981	0.001524
30	—	0.01412	0.003036	0.001552
35	—	0.01539	0.003312	—
36	—	0.01564	0.03368	—

① 称取 74.56g KCl，溶于18℃水中，稀释到1L，其浓度为 1.000mol·L^{-1}（密度为 1.0449kg·L^{-1}），再稀释得到其他浓度的溶液。

附表 18　一些离子的极限摩尔电导率（298K）

阳离子	$\lambda_m^\infty/\text{S}\cdot\text{m}^2\cdot\text{mol}^{-1}$	阴离子	$\lambda_m^\infty/\text{S}\cdot\text{m}^2\cdot\text{mol}^{-1}$
H^+	349.82×10^{-4}	OH^-	198.0×10^{-4}
Li^+	38.69×10^{-4}	Cl^-	76.34×10^{-4}
Na^+	50.11×10^{-4}	Br^-	78.40×10^{-4}
K^+	73.52×10^{-4}	I^-	76.80×10^{-4}
NH_4^+	73.40×10^{-4}	NO_3^-	71.44×10^{-4}
Ag^+	61.92×10^{-4}	CH_3COO^-	40.90×10^{-4}
$\frac{1}{2}Ca^{2+}$	59.50×10^{-4}	$\frac{1}{2}SO_4^{2-}$	79.80×10^{-4}
$\frac{1}{2}Mg^{2+}$	53.06×10^{-4}		

参 考 文 献

[1] 复旦大学等. 物理化学实验 [M]. 北京：高等教育出版社，2004.
[2] 华南理工大学物理化学教研室. 物理化学实验 [M]. 广州：华南理工大学出版社，2003.
[3] 张春晔，赵谦. 物理化学实验 [M]. 南京：南京大学出版社，2003.
[4] 北京大学化学学院物理化学实验教学组. 物理化学实验 [M]. 北京：北京大学出版社，2002.
[5] 天津大学物理化学教研室. 物理化学 [M]. 第4版. 北京：高等教育出版社，2001.
[6] 徐光宪，黎乐民. 量子化学——基本原理和从头算法 [M]. 第2版. 北京：科学出版社，2008.
[7] 孙尔康，徐维清，邱金恒. 物理化学实验 [M]. 南京：南京大学出版社，1998.
[8] 陈龙武等. 物理化学实验基本技术 [M]. 上海：华东师范大学出版社，1988.
[9] 罗澄源等. 物理化学实验 [M]. 第3版. 北京：高等教育出版社，2003.
[10] 金丽萍，邬时清，陈大勇. 物理化学实验 [M]. 上海：华东理工大学出版社，2005.
[11] 夏玉宇. 化学实验室手册 [M]. 北京：化学工业出版社，2004.
[12] 广西师范大学等. 物理化学实验 [M]. 桂林：广西师范大学出版社，1987.
[13] 淮阴师范专科学校. 物理化学实验 [M]. 北京：高等教育出版社，1986.
[14] 东北师范大学等. 物理化学实验 [M]. 第2版. 北京：高等教育出版社，1993.
[15] 中山大学化学系. 物理化学实验 [M]. 广州：中山大学出版社，1993.
[16] 刘水解. 电化学测试技术 [M]. 北京：北京航空学院出版社，1987.
[17] 杨文治. 电化学基础 [M]. 北京：北京大学出版社，1982.
[18] 刘勇健，孙康. 物理化学实验 [M]. 徐州：中国矿业大学出版社，2005.
[19] 叶大陆. 物理化学实验 [M]. 北京：冶金工业出版社，2003.
[20] 夏海涛. 物理化学实验（修订版）[M]. 哈尔滨：哈尔滨工业大学出版社，2004.
[21] 韩喜江，张天云. 物理化学实验 [M]. 哈尔滨：哈尔滨工业大学出版社，2004.
[22] 克里雅契科·古尔维奇. 冻点测定法 [M]. 北京：科学出版社，1956.
[23] Daniels F, et al. Experimental Physical Chemistry [M]. New York: McGraw-Hill Book Company, 1962.
[24] David P, Shoemaker, et al. Experiments in Physical Chemistry [M]. McGraw-Hill Book Company, 1974.
[25] 傅献彩，陈瑞华. 物理化学 [M]. 北京：人民教育出版社，1980.
[26] 武汉大学化学与环境科学学院. 物理化学实验 [M]. 武汉：武汉大学出版社，2000.
[27] 张师愚，杨惠森. 物理化学实验 [M]. 北京：科学出版社，2002.
[28] 杨冬花，武正簧. 物理化学实验 [M]. 徐州：中国矿业大学出版社，2005.
[29] 钱人元. 高分子化合物分子量的测定 [M]. 北京：科学出版社，1958.
[30] 钱人元. 粘度法测高聚物分子量 [J]. 化学通报，1955，7：396.
[31] 施良和. 粘度法测定高聚物分子量实验技术上应该注意的一些问题 [J]. 化学通报，1961，5：276.
[32] 北京大学化学系高分子化学教研室. 高分子物理实验 [M]. 北京：北京大学出版社，1983.
[33] 刘橙蕃，腾弘霓，王世权. 物理化学实验 [M]. 北京：化学工业出版社，2002.
[34] 傅献彩，沈文霞，姚天扬等. 物理化学 [M]. 第5版. 北京：高等教育出版社，2006.
[35] 张著，虞光明等译. 物理化学及其在生物体系中的应用 [M]. 北京：科学出版社，1980.
[36] Peter W. Atkins. Physical Chemistry [M]. 5th ed. Oxford: Oxford University Press, 1994.
[37] Hamann, C H Vielstich W, Electrochemie [M]. 3rd ed. Aufl. Weinheim: Wiley-VCH, 1998.
[38] 袁履冰. 物理有机化学导论 [M]. 第2版. 大连：大连理工大学出版社，2004.
[39] Reinhard Brückner. Reaktionsmechanismen [M]. Aufl. Heidelberg: Spektrum Akademischer Verlag, 2004.
[40] 方安平，叶卫平. Origin8.0使用指南 [M]. 北京：机械工业出版社，2009.
[41] 马爱梅. Excel2007公式函数图表入门与实战 [M]. 北京：中国青年出版社，2008.
[42] 胡伟，曾红燕. Origin用于物理化学实验数据的非线性拟合 [J]. 大学化学，2006（6）：43-47.
[43] 王艳坤，高霞. Origin在液体饱和蒸气压实验数据处理中的应用 [J]. 河南教育学院学报，2007（6）：36-38.
[44] 闫宗兰，石军，尹立辉等. Origin软件在"双液系气—液平衡相图"实验数据处理中的应用 [J]. 天津农学院学报，2007（6）：30-32.

[45] 陈旭红.用Origin软件的线性拟合和非线性曲线拟合功能处理实验数据[J].江苏技术师范学院学报,2006(12):85-89.
[46] 傅杨武.基础化学实验[M].重庆:重庆大学出版社,2011.
[47] 南开大学化学系物理化学教研室.物理化学实验[M].天津:南开大学出版社,1991.
[48] 陈芳,胡珍珠,易回阳等.物理化学实验[M].武汉:武汉理工大学出版社,2011.
[49] 张洪林,杜敏,魏西莲.物理化学实验[M].青岛:中国海洋大学出版社,2009.
[50] 董超,李建平.物理化学实验[M].北京:化学工业出版社,2011.
[51] 张秀成,刘冰,王玉峰.应用物理化学实验[M].哈尔滨:东北林业大学出版社,2009.
[52] 安从俊.物理化学实验[M].武汉:华中科技大学出版社,2011.
[53] 谢祖芳,晏全,李冬青.物理化学实验及其数据处理[M].成都:西南交通大学出版社,2014.
[54] 张敬来.物理化学实验[M].郑州:河南大学出版社,2008.
[55] 李三鸣.物理化学实验[M].北京:中国医药科技出版社,2007.
[56] 何巧红,张嘉捷.大学化学实验[M].北京:高等教育出版社,2012.
[57] 张立庆.物理化学实验[M].杭州:浙江大学出版社,2014.
[58] 王金.物理化学实验[M].北京:化学工业出版社,2015.
[59] 乔艳红.物理化学实验[M].北京:中国纺织出版社,2011.
[60] 贾瑛,许国根,严小琴.物理化学实验[M].西安:西北工业大学出版社,2009.
[61] 周益明,赵朴素.物理化学简明教程[M].南京:南京大学出版社,2014.
[62] 龚茂初.物理化学实验[M].北京:化学工业出版社,2010.
[63] 蒋月秀,龚福忠,李俊杰.物理化学实验[M].上海:华东理工大学出版社,2005.
[64] 武汉大学化学与分子科学学院实验中心.物理化学实验[M].武汉:武汉大学出版社,2012.
[65] 陈斌.物理化学实验[M].北京:中国建材工业出版社,2004.
[66] 蒋智清.物理化学实验指导[M].厦门:厦门大学出版社,2014.
[67] 常照荣.物理化学实验[M].郑州:河南科学技术出版社,2010.
[68] 王月娟,赵雷洪.物理化学实验[M].杭州:浙江大学出版社,2008.
[69] 吴肇亮,俞英.基础化学实验[M].北京:石油工业出版社,2003.
[70] 金丽萍,邬时清,陈大勇.物理化学实验[M].上海:华东理工大学出版社,2005.